U0339171

从0到1

数据分析师养成宝典

高　峰　王先平　罗代忠◎著

电子工业出版社

Publishing House of Electronics Industry

北京 · BEIJING

内 容 简 介

随着互联网技术的普及，数据产生的速度加快，数据规模越来越庞大，企业对数据分析师的需求也随之增加。数据分析师需要做好日常的数据收集与积累的工作，通过数据分析制订适合企业的发展计划，帮助企业在激烈的市场竞争中赢得主动权，实现跨越发展。

目前世界领先的企业中，大多已经建立了数据分析部门，知名互联网公司如 IBM、谷歌等企业尤其注重发展投资数据分析部门，培养数据分析团队。数据分析师的分析结论与建议已经成为企业决策的重要参考。

本书从数据分析师培养的角度，结合大量的图表、案例，提炼出新手数据分析师最急需了解的内容，帮助读者从宏观角度全面了解数据分析师的工作流程。对于想要入行的新手来说，这是一本非常实用的工具书。

图书在版编目（CIP）数据

从 0 到 1：数据分析师养成宝典 / 高峰，王先平，罗代忠著. —北京：电子工业出版社，2021.8

ISBN 978-7-121-41768-9

Ⅰ.①从⋯ Ⅱ.①高⋯ ②王⋯ ③罗⋯ Ⅲ.①数据处理 Ⅳ.①TP274

中国版本图书馆 CIP 数据核字（2021）第 160009 号

责任编辑：刘志红（lzhmails@phei.com.cn）
印　　刷：天津画中画印刷有限公司
装　　订：天津画中画印刷有限公司
出版发行：电子工业出版社
　　　　　北京市海淀区万寿路 173 信箱　邮编　100036
开　　本：720×1 000　1/16　印张：13.25　字数：254 千字
版　　次：2021 年 8 月第 1 版
印　　次：2021 年 8 月第 1 次印刷
定　　价：89.00 元

凡所购买电子工业出版社图书有缺损问题，请向购买书店调换。若书店售缺，请与本社发行部联系，联系及邮购电话：（010）88254888，88258888。

质量投诉请发邮件至 zlts@phei.com.cn，盗版侵权举报请发邮件至 dbqq@phei.com.cn。

本书咨询联系方式：（010）88254479，lzhmails@phei.com.cn。

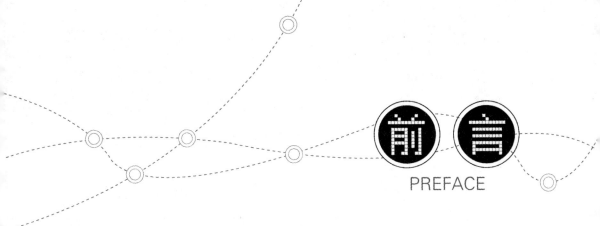

PREFACE

随着大数据时代的来临，越来越多的企业开始利用数据分析工具帮助企业运营，数据分析师这个职业也因此出现在了大众的视野之中。数据分析师是专门从事数据收集、整理，并对整理好的数据进行分析和预测的人员。数据分析师的工作能够提高企业工作效率，并为企业带来新的价值增值点。

市面上关于数据分析师入门的书要么是讲解大量高深的统计学的算法和理论，要么就是介绍专业的统计分析工具。本书另辟蹊径，对数据分析全流程进行介绍，帮助想要成为数据分析师的人们了解数据分析师的具体工作。

本书详细介绍了数据分析师的背景及数据分析师的五个工作步骤：收集数据、整理数据、分析数据、展现数据、撰写数据分析报告，主要包括以下六个方面内容。

1. 数据分析师的背景

数据分析师必须从纷繁复杂的数据中解读其中蕴含的商业价值，帮助企业抓住发展机会，把握业务整体状况并改善业务流程。该部分内容介绍了数据分析师的职责与工作意义，需要掌握的各种理论知识及数据分析需要的工具等内容，帮助读者初步认识数据分析师的工作内容。

2．收集数据

数据收集是数据分析师工作的开始，面对海量的数据，新人数据分析师往往不知道如何下手。本书结合大量图表与案例，介绍了如何收集数据，在收集数据中会遇到怎样的问题，以及如何应对这些问题等内容。

3．整理数据

通过多种途径收集来的数据大多粗糙且无序，不能直接进行分析，因此需要对数据进行整理。经过整理的数据可以创建成企业信息数据库，帮助企业提高分析工作的效率。这部分主要讲解了多种整理数据的方法及如何剔除不规范数据等内容。

4．分析数据

这部分内容是数据分析工作的重中之重，数据分析师必须深入挖掘数据，找出问题，得到结论。在数据分析过程中，数据分析师必须清晰了解每一步要做什么，遇到问题及时调整方案，从而确保得出的分析结论准确无误。这部分内容从财务、仓储、营销、人员四个方面介绍了企业生产全流程的数据分析方法，并结合了大量的例子帮助读者理解。

5．展现数据

展现数据是让数据分析结果可视化的过程。这部分内容介绍了数据展示的方法及如何让数据展示得更加清晰明确。

6．撰写数据分析报告

数据分析师需要将分析数据得出的最终成果汇总成一份报告，因此，数据分析报告必须结构清晰、语言凝练、有理有据。这部分内容介绍了数据分析报告的规范结构，同时结合案例说明了数据分析报告中容易出现的问题，帮助读者顺利完成数据分析收尾工作。

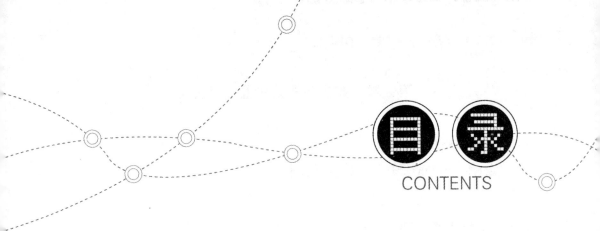

CONTENTS

第 1 章　年薪 50 万元的数据分析师都干什么

第 4 章　整理数据：将一手资料变为规范数据

第 5 章　分析数据：数据分析师的核心工作

第 6 章　进阶分析一：正确分析财务数据

第 7 章　进阶分析二：正确分析仓储数据

第 8 章　进阶分析三：正确分析营销数据

第 9 章 进阶分析四：正确分析人员数据

第 10 章 展现数据：企业状况一目了然

第 1 章

年薪 50 万元的数据分析师都干什么

数据分析师是一个神奇的职业，他们通过对历史数据的总结分析，从而做到"预测未来"，并提出解决未来问题的方案。数据分析师并非未卜先知，而是紧密结合产品，以价值为导向，根据对各条业务线数据的分析，预测企业未来方向。优秀的数据分析师应该具有极大的全局观和极高的专业度，从业务实际出发，综合各个方面的可能性，发现问题并解决问题。

1.1 数据分析师是什么

近年来互联网经济快速发展，大数据也越来越多地影响公众生活，数据或信息只是一串原始的数字或字符，各种需求的增加会导致数据量的增加。越来越多的企业开始更加重视数据中蕴含的价值，数据分析师这个职业也应运而生。数据分析师是各行各业中，在能够建立明确的分析目标的基础上，专门从事对行业数据搜集、整理、分析，并挖掘出有价值信息的专业人才的统称。

1.1.1 数据分析师的等级标准

数据分析师分为如图 1-1 所示四个等级标准。

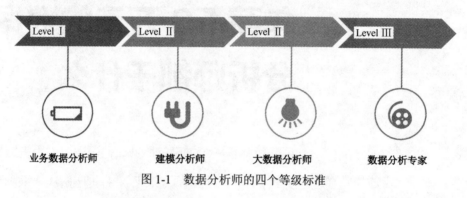

图 1-1　数据分析师的四个等级标准

1. Level Ⅰ：业务数据分析师

要求掌握数据的基本预处理方法；熟悉业务流程，能够根据问题从数据库中提取相关数据，进行数据的搜索、整理、归纳，并通过相应数据分析方法和模型，结合相关软件完成数据分析；生成逻辑清晰的分析报告，对实际业务提出建议和策略。

2. Level Ⅱ：建模分析师

除掌握 Level Ⅰ 所要求的技能，建模分析师要熟练运用高级数据处理和可视化技术，将业务目标转化为数据分析目标；熟练掌握常用算法和数据结构及企业数据库架构；能够从海量数据中搜集并提取信息，并针对不同分析主体进行维度分析；结合相关工具和软件完成数据的处理和分析。能够在报告中层层阐述信息收集的过程、模型构建的方法、结果的验证和解读，对行业进行评估、优化和决策。

3. Level Ⅲ：大数据分析师

熟练掌握大数据分析工具的运用；能够运用算法库进行大数据分析；掌握机器学习相关算法。能针对不同的业务提出大数据层面的解决思路，能够根据不同的数据业务需求选择合适的组件对数据进行分析与处理。

大数据分析师所写报告能清楚地阐述数据采集、大数据处理过程及最终结果，同时提出模型的优化和改进之处，以便提升大数据分析的商业价值。

4. Level Ⅳ：数据分析专家

除掌握上述要求的技能，数据分析专家还需了解大数据处理技术、企业级架构设计，项目管理方法等结合具体行业的业务分析方法。

能够带领数据团队，将企业的数据资产进行整合和管理，建立内外部数据的连接；熟悉企业级大数据与数据仓库的构建；可以面向数据挖掘运用主题构造数据集市；在用户和数据之间建立有机联系，面向用户数据创造不同特性的产品和系统。

Level Ⅳ等级的数据分析专家需要交付逻辑严密的完整项目结果与商业报告，该报告具有可评估与可实施性。并为企业数据资产管理提供详细方案，为企业发展提供数据规划策略。

1.1.2 数据分析师的岗位职责

随着企业对数据中隐含的深层价值的发掘及数据利用程度越来越高，越来越多的企业开始重视对专业化分析人才的培养。企业对数据分析师的要求首先是构建业务数据体系，然后是深入理解业务数据，支持业务发展，给出重点业务数据分析意见，帮助给出业务优化建议和落地方案。

数据分析师的岗位职责因产品的生命周期不同而不同。

（1）在产品开发阶段，数据分析师主要运用数据分析和规划方法，帮助梳理产品与业务流程，明确运营指标，搭建运营指标体系，推动监控指标可视化。

（2）在产品引入阶段，数据分析师需要了解企业现状，通过小范围试用尽快发现产品体验与业务流程中需要改进的内容，缩短产品调试周期。

（3）在产品增长阶段，数据分析师需要对现有业务数据进行分析和监控，通过数据分析发现问题，探索机会，通过模型的建立优化现有业务。

（4）在产品成熟阶段，数据分析师需要尽可能延长用户生命周期，持续观察互联网领域相关业务的变化、模式、新产品，优化数据分析方法及模式，最大化用户商业价值。

不懂数据分析的人会觉得数据分析就是数据的运算，但真正的数据分析需要大量烦琐的数据采集、清洗工作的支持，需要长期深入的特征工程作为依托，没有分析经验的积累与行业知识的沉淀，数据无法体现其真正的价值。数据分析师的核心价值是帮助企业实现数据驱动产品进步，通过专业的数据分析帮助企业的业务人员提升数据分析的能力，因此数据分析师是企业中必不可少的角色。

1.2 数据分析师的理论知识

数据分析师需要掌握两方面的理论知识内容，一是数学统计知识，二是市场研究知识。

要想在数据分析的道路上走得更远，一定要注重对数学统计知识的学习。数据分析说到底就是寻找数据背后的规律，而寻找规律就需要具备一定的算法设计能力，所以数学统计知识对数据分析是非常重要的。

数据分析师进行数据分析是为了企业在市场上能更好地占据主动地位，而且数据分析师除了分析数据，还要为发现的问题提供解决方案，解决方案往往从数据分析师的市场思维中产生。因此数据分析师也需要掌握一定的市场分析知识。

1.2.1 数学统计知识

在信息爆炸式增长的时代，简单利用经验对数据进行判断往往会出现较大偏差，而利用数学统计学的各种方法来对数据进行分析、加工、整理，不仅能有效提升数据分析效率，同时还能从复杂的数据信息中提取出有效内容，并将其更好地应用于企业的经营与管理中。数据分析中最常利用以下七种数学统计知识。

1. 集中趋势

集中趋势是一组数据的代表值，就整体数据而言，平均数反映了总体分布的集中趋势，根据某组数据的平均数，就可以大致了解它总体的集中趋势和一般特征。集中趋势是数据统计的重要分析指标，常用的方法有求平均数、中位数和众数等。

2. 变异性量数

描述统计和数据分布特征，变异性量数或离散量数，是重要的一部分。变异性量数可看作对不同数值之间差异性的测量。变异性量数用来描述数据分布的特征，并能表示数据分布的差异，常用的方法有极差、标准差、方差等。

3. 归一化

归一化处理是简化计算、缩小量值的有效办法。处理后的所有特征的值都会被压缩到 0 到 1 的区间上。这样做还可以抑制离群值对结果的影响。

4. 正态分布

数据都会呈现一种中间密集、两边稀疏，如图 1-2 所示的特征。例如，年龄相仿的人身高数据是符合正态分布的，也就是说大部分同龄人的身高都会在平均身高上下波动，特别矮和特别高的都比较少。

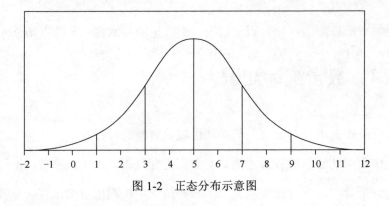

图 1-2　正态分布示意图

5. 抽样分布

抽样分布是样本估计量的分布。以样本平均数为例，假如设置相同的样本容量，用同样的抽样方式抽取多次样本，并把每次抽样结果取平均数。由样本平均数组成的分布样式，就是样本平均数的抽样分布。

6. 参数估计

数据分析师常常需要根据手中有限的数据，去推测数据中透露出的本质规律。参数估计就是工具之一，参数估计是根据从整体中抽取的随机样本去估计总体分布中未知参数的过程，即根据部分样本数据去推断总体的分布或数字特征。

7. 假设检验

假设检验是某种带有概率性质的反证法。当样本与总体情况出现差异的时候，可以利用假设检验法判断是数据统计出现误差还是本质出现差错。假设检验中最常用的方法是显著性检验法，这是一种非常基本的统计推断形式。

通过对数学统计知识的应用，能够最大限度地分析出数据中蕴含的价值，并进一步通过市场研究知识实现数据信息与企业运营的深度融合，为企业创造效益。

1.2.2 市场研究知识

市场研究知识可以从市场行业角度去分析产品和竞品在行业中的位置，为营销及活动提供数据支撑。

1. 行业背景

制定企业宏观战略的第一步是考察行业背景，例如，当今移动互联网产业正处于风口，有国家的政策支持，技术也在飞速发展中；煤炭、钢铁等传统产业产能过剩，发展滞缓。企业经营本质是利益的追逐，因此趋利避害是企业经营的天性。PEST 分析法是企业在做市场背景调研时利用较多的一种分析方法。对于外部分析的相关内容，PEST 分析法能给予企业在某种环境下的一些外部信息数据。

这种方法是利用环境扫描分析总体环境中的政治（Political）、经济（Economic）、社会（Social）与科技（Technological）四种因素的一种模型（见图 1-3）。

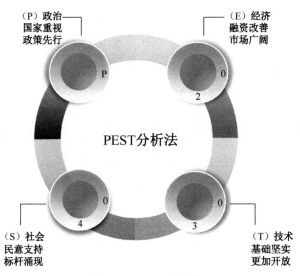

图 1-3 PEST 分析法

通过这种方法也能有效地了解市场的发展进程、企业现在处在什么样的市场环境之中，有利于企业的环境要及时把握，市场环境带来的弊端要尽量避开，PEST 分析法的利用对企业生存和发展起着至关重要的作用。

2. 市场现状

市场是社会分工和商品生产发展的产物，哪里有社会分工和商品交换，哪里就有市场。市场在发展壮大的过程中，也不断地通过信息反馈现状。数据分析师必须敏锐感察觉市场变化，依据变化不断调整企业发展政策，使企业发展能更上一层楼。

（1）市场阶段主要包括以下四个阶段。

导入阶段：行业刚开始发展，面对未知的领域和商业模式，数据分析师需要通过对消费者购买心理行为的调查分析，预估市场未来前景，制定产品企划策略。

发展阶段：行业已经发展了一段时间，处于向上发展阶段，如现在的共享充电宝行业，竞争对手云集，呈现百家争鸣的状态。数据分析师需要通过对行业内成功的商业模式进行分析提炼，取其精华，去其糟粕，推动企业获得大量市场。

成熟阶段：行业的头部企业已经基本固定。以外卖软件为例，美团与饿了么成为行业寡头，占领了九成以上市场，市场处于成熟阶段，且企业拥有健全的商业模式。数据分析师需要通过对企业拥有的用户数据进行分析建模，判断用户新需求，在原有商业模式的基础上不断创新，满足用户需求。

衰退阶段：受经济政策、市场发展等多方因素影响，市场走下坡路。数据分析师应帮助企业规避处于衰退阶段的市场。例如，受到经济政策环境的影响，煤炭行业整体处于衰退阶段。数据分析师应通过对原有市场数据进行分析整理，发掘新兴发展点，推动企业尽快转型。

对市场阶段的把握直接影响企业产品策略制定和营销策略制定，数据分析师必须认真研究和运用市场阶段理论，结合当下市场数据，做出推断并推动企业政策的制定与调整。

（2）市场规模也被称作市场容量，市场规模主要是研究目标产品或行业的整体规模，包括产品在指定时间内的产量、产值等，具体还要根据人口数量、人们的需求、年龄分布、地区的贫富程度调查所得的结果。

数据分析师需要对产品用户数、产品付费人数、支出款项数等进行整理分析，同时可以利用竞品之间的横向数据进行分析对比，体现出不同的市场态势。

3. 微观个体

对企业来说，对微观客体即用户进行研究是非常重要的。没有详细严谨的客户研究，就不会有成功的产品。用户研究伴随着一个企业发展的始终，是帮助数据分析师认知用户的一种方法。对用户进行研究能更好地指导企业设计产品、优化产品。数据分析师需要根据数据把握用户需求，使产品不断优化，更好地迎合客户的需求。

4. 商业模式

环顾全球范围内的大数据发展趋势和生态模式，一些企业对数据的应用已经取得了丰硕的成果。一些互联网企业，如阿里巴巴、谷歌、腾讯等，它们成功的秘诀都是创新商业模式，而商业创新主要依靠充分运用数据分析的力量。

对数据分析师来说，扎实的市场研究知识和敏锐的分析能力都是必要的，数据时代开放性、网络化的数据无处不在，数据分析必须与市场知识默契融合，才能为企业带来效益。

1.3 数据分析的三种类型

数据分析师需要检查海量数据，进行数据清理、转换及数据建模，通过一系列的操作达到挖掘数据特征的目的，得出相应的结论，从而帮助企业做出正确的决策。数据分析分为描述性分析、探索性分析和验证性分析三种类型。

1.3.1 描述性分析

描述性分析就像复述一本书的主要情节一样对数据进行描述分析。如基本的统计量、总体样本、各种分布等。通过描述性分析，数据分析师能更透彻地了解相关数据，做到胸有成竹。描述性分析在数据分析类型中是最基础和常用的，数据分析师需要熟练掌握描述性分析方法，保证下一步数据分析工作顺利进行。

通过对数据的统计处理可以简洁地用几个统计值来表示一组数据的集中性和离散型，以及发现数据中的异常值。

例如，对食品烟酒类居民消费价格指数，衣着类居民消费价格指数和生活用品类居民消费价格指数描述分析，可以得到居民消费价格指数描述分析结果，见表 1-1。

表 1-1 居民消费价格指数描述分析结果

描述分析结果						
名　　称	样本量	最小值	最大值	平均值	标准差	中位数
食品烟酒类居民消费价格指数	13	100.7	103.5	101.923	0.912	102
衣着类居民消费价格指数	13	101.1	102	101.385	0.318	101.3
生活用品类居民消费价格指数	13	101.2	101.6	101.485	0.121	101.5

由此可见，描述性分析只能提供数据整体情况，供数据分析师进行初步分析。但仅依靠描述性分析报告往往不足以做出决策，因此需要使用其他方法进一步分析才能得到完善的报告。

1.3.2 探索性分析

面对纷繁的数据，数据分析师对相关数据没有足够的分析经验，会觉得无从下手，如果这时数据分析师直接将数据放入各种模型进行分析，往往会发现效果不佳。那么此时可以利用探索性分析，首先设置少量假定条件，然后进行数据分析、得出结论。

探索性分析是一种系统的数据分析方法。探索性分析展示了所有数据的分布情况，异常数据一目了然，同时也可以展示两两变量间的关系，从而得到所有汇总统计量。例如，在研究两个变量间的相关性时，可以通过观察两组样本间的差异值，分析指标没有达标的原因，从而预测出接下来一段时间内企业将会出现怎样的变化趋势。

通过绘制散点图来探索汽车速度与刹车距离这两组变量间的关系，如图 1-4 所示。

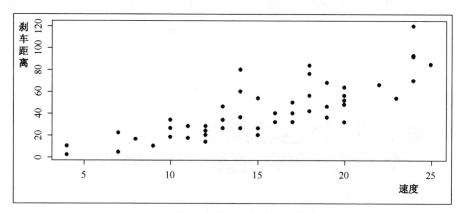

图 1-4　汽车速度与刹车距离的散点图

从图中可以看出，汽车速度增加，刹车距离也相应增加。因此可以得出汽车速度与刹车距离之间大致呈正比例关系的结论。

这种分析方法能够让数据分析师从两组不相关的数据中发现内在联系，从而帮助企业预测未来的发展趋势，因此在数据分析师的工作中探索性分析的应用非常频繁。但这种分析方法得出的结论也不是最终结论。这就像是在寻找"参考答案"，但"参考答案"往往不止一种。这种方法通过企业过去的决策和其他相关因素探究对项目进程的影响。

1.3.3 验证性分析

验证性分析主要利用对已经完成的项目、项目成功或失败的原因和企业项目可能发生的情况进行分析判断，帮助企业确定最终能被采纳的最佳方案。完成分析之后，下一步就要撰写数据分析报告，这是数据分析结果的呈现，包括分析过程的总结、输出结论和策略。验证性分析一般不会独立使用，与其他分析行为组合使用才是最佳。

某电商网站付款界面的支付方式顺序为微信、支付宝、云闪付和货到付款。该电商网站与支付宝达成合作，为了提高支付宝付款的占比，该电商网站对支付方式的顺序进行调整，调整后的顺序为支付宝、微信、云闪付和货到付款。为了验证这种方法是否能提高支付宝支付的占比，数据分析师抽取了同样一批用户调整前与调整后的付款方式，并列成了如图1-5所示的柱状图。

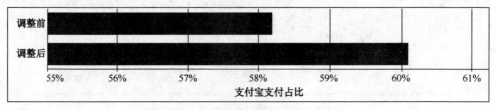

图1-5 支付宝支付占比变化图

从图中可以看出，经过顺序调整，用支付宝支付的占比增加了将近两个百分点。由此数据分析师可以得出结论：支付方式顺序的调整是有必要的。

在数据运用分析当中，不管是描述性分析、探索性分析还是验证性分析，都要求数据分析师对数据源有清晰明了的认识，掌握对应的技能，才能真正实现数据价值的挖掘，对下一步的数据应用产生积极的影响。

1.4 数据分析的工具

工欲善其事，必先利其器。数据分析师在工作中常常需要处理大量的数据，这时就迫切地需要一个合适的数据分析工具，Excel、数据库和统计分析工具都是最常用的数据分析工具。

1.4.1 常用办公软件（Excel）

Excel 作为入门级的电子制表软件，是最基础也是最主要的数据分析工具。Excel 具备多种强大功能。它能够满足绝大部分数据分析工作的需求，同时也提供相当友好的操作界面，对只具备基本统计学理论的用户来说是容易上手的。对简单的分析，使用 Excel 比较方便明晰，但随着数据分析的数量扩大、要求增加，Excel 不再方便快捷，而是需要使用函数。

BI 工具是商业智能（Business Intelligence）分析工具的缩写，传统商业智能分析工具基于数据驱动，如果目的变化，需要对模块进行相应调整，因此传统的商业智能分析工具对数据分析师的操作要求高。现在的商业智能分析工具拥有自助数据集功能，数据分析师能直接对数据进行筛选、排序和汇总等。新一代商业智能分析工具功能强大，处理速度更快，数据分析师可以利用它处理海量数据。

1.4.2 数据库

数据库是将大量数据保存起来，通过计算机加工而成，可以高效访问的数据集合。在生活中会遇到这种情况，如生日当月收到曾经光顾过的商店发来的"生日当天有优惠"的邮件；又比如现在所有的图书馆的自助查询系统，可以查询图书的位置及是否已经借出等信息。这都是利用了数据库的强大功能。将大量的数据信息保存在数据库中，当需要的时候就可以随时提取。SQL 就是为了操作数据库而开发的语言。

SQL 是结构化查询语言（Structured Query Language）的简称，顾名思义，它主要应用于数据查询，尤其是对数据库表的操作和处理应用较多。围绕着数据库表，可以开展许多工作，对使用 SQL 的数据分析师来说，数据库表的增删查改，聚合汇总，是最重要的业务数据工作。因此掌握 SQL 也是数据分析师的必修课。

1.4.3 统计分析工具

SPSS 是统计产品与服务解决方案（Statistical Product and Service Solutions）的简称，是数据分析师常用的统计分析工具之一，主要运用于各领域的数据管理和统计分析。SPSS 操作界面友好，结果输出界面美观，适合新手数据分析师快速上手。

数据分析的最后一步是撰写数据分析报告，其中包括数据可视化分析。可视化数据可以将各个阶段的数据挖掘过程展示给数据分析师，使数据信息不再晦涩难懂，可以直接利用可视化数据做出决策。数据分析师除了对数据进行分析，还要将分析结果转化为企业的政策，统计分析工具在其中起到了非常重要的作用。

数据分析师的主要任务就是要让数据说话。面对庞大的数据信息，合理运用统计分析工具能让数据分析师的工作变得更加顺利。随着大数据时代的快速发展，数据分析工具也不仅局限于上述三种，但是数据分析师至少应熟练地掌握一种数据分析工具的使用方式，才能使工作更加得心应手。

第 2 章

数据分析对企业有什么意义

大数据时代的浪潮，不仅改变了个人的命运，同时为企业寻得了更多发展的机会。在企业的日常经营中，数据分析已经是常用的工具之一了，那么数据分析到底能为企业经营带来多大的作用？数据分析对企业经营有什么意义呢？

2.1　优化企业业务

在大数据时代下，企业会主动利用数据分析技术，结合业务应用点，发现业务中存在的问题，并提出解决方法，从而创造业务优势。数据分析主要从全方位提升用户体验和优化整合企业资源两方面提高企业业务流程的效率和正确率，对企业业务进行全面优化。

2.1.1 全方位提升用户体验

企业对用户体验的重视，使得推动企业业务决策的不再是企业，而是用户。企业通过对用户的深度理解，不断推动决策升级，愈发凸显提升用户体验的重要性，因此许多企业都开始重视数据分析来深度挖掘用户信息。

数据分析师可以从用户购买行为角度分析用户特征，从而实现个性化服务。例如，某家装企业购物网站通过分析用户在网站上购买的产品推断用户正处于装修的哪个阶段，如起始阶段的用户需要大量硬装产品，而软装产品将成为后续装修阶段用户考虑的重点。通过对用户购买数据的分析，系统可以根据用户不同阶段的装修特点推荐相应产品，重视用户个性化需求，从而提升用户体验。

数据分析师可以通过分析用户年龄等信息对用户需求进行判断，从而实现个性化服务。如用户在某段时间内购买某阶段的婴幼儿奶粉，系统由此可以推断出婴儿的年龄阶段，并随着婴儿的成长推荐适合其年龄段的其他产品。

数据分析师可以根据用户对价格的敏感程度不同的角度挖掘用户需求，为不同的用户贴上不同的特性标签。将相似产品依据价格分类，如果某用户比较关注价格较低的产品，那么该用户就属于价格敏感型；如果某用户关注价格较高产品，或者每类产品都会关注，那么该用户就是非价格敏感型用户。

在大数据时代，企业要注重积累客户行为等数据。数据分析师担任着利用企业数据资产提升用户体验的任务。从数据中发现问题，并通过解决问题增加企业的竞争优势。

2.1.2 优化整合企业资源

企业每时每刻都在产生海量的数据。传统的信息资源管理技术只能应对结构化数据，而约占据数据总量 85% 的非结构化数据蕴含着巨大的潜在价值。传统粗放式信息资源管理的整合度不高、缺乏对大数据的深度认知以及缺乏数据治理体系化建设。全新的数据分析管理方法可以整合企业资源，为企业分析海量的非结构化数据，并提供高效、低成本的解决方案，最终为企业带来效益。

　　某网站是一家网上购物商城，有非常庞大的用户群体，网站的日均访问量接近 100 万人次。但是企业发现，网站每次做促销活动，用户的响应远低于预期，销售商品的比例并不高。于是某网站的数据分析师结合客户行为数据库，分析每位用户的数据信息、用户访问的网页、用户购物车内容及购物车转化率等数据进行了综合评估。

　　通过确认促销活动中用户搜索最多的关键词和商品，确定网站热点区域和非热点区域。利用这些数据，企业可以置顶高流量商品，并且针对其设置营销活动。同时该网站进一步将数据分析的重点延伸至购物车，找到用户不消费的原因，如产品价格太过昂贵，商品内容太过简单等。提出优化企业资源的整改意见，从而提升消费转化率，提高客户满意度，使企业获得更多的利益。

　　大数据时代的到来提升了企业对数据分析的关注，企业开始在数据分析方面投入更多的资金和资源，利用数据分析这个工具，为企业带来更大的利益。信息的重要性日益增加，掌握了信息源，就掌握了市场的动脉。企业可以基于海量的数据，深度挖掘其中的信息，进行统筹分析整理，并制定企业特有的产品优化方案，全方位、多角度地助力企业不断发展和进步。

2.2　科学规划企业营运

　　大数据时代的到来，为企业发展提供了更多的机会。数据分析除了分析企业自身运作数据，还可以分析和研究用户数据，为企业提供参考意见。科学地规划企业营运，主要指企业与用户之间的动态交流，借助数据的整理和分析，依据反馈分析为用户提供更多优质产品和服务。数据分析水平的不断提高，使得海量数据的收集、管理、分析、研究有了更重要的意义。通过对用户数据的充分挖掘和研究，结合企业的科学运营策略，可以实现企业与用户的双赢。

2.2.1 用数据发现新客户

大数据时代企业有各种各样的用户数据信息，但企业从优化成本以及所吸引的新用户质量角度考虑，必须对用户进行精准定位。如何获取大数量且优质的用户是目前企业及数据分析师必须面对的一个难题。发掘新用户，要经过以下两个步骤，如图 2-1 所示。

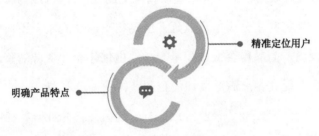

图 2-1　挖掘新用户的两个步骤

1. 明确产品特点

当用户要购买某个品类的产品时，第一个被想到的总是占据最大优势，赢得最大一块市场份额的品牌。

如图 2-2 所示，阿芙精油的广告语是"阿芙，就是精油"。这种非常明确的定位能够有效地确定阿芙在精油品牌中的地位，使用户想购买精油的第一时间就想到阿芙。

纯精油类产品及精油添加类的护肤品在中国都还没有发展成熟。用户对精油产品的功效、定价、品牌等特点的了解都是空白状态，此时阿芙直接将精油与品牌相联系，同时佐以铺天盖地的营销宣传，迅速明确品牌特点，占领初期市场。

图 2-2　阿芙精油广告语

随着精油市场的不断扩大，阿芙的产品需要更精确的定位，因此阿芙将品牌核心定位到品质源头："捍卫精油行业的秘密——得花材者得天下——坚持不向中间商采购，只和全球最佳产地庄园合作，长期契约种植。每一滴阿芙精油，从田间种植到入瓶灌装，都做到血统清晰、品质纯正。"

对企业来说，明确产品特点是最重要的。数据分析师应当依据产品特性、适合人群等因素进行用户画像：这款产品适用于怎样的场合？产品的目标人群是哪些？他们的共同特点是什么？有了这些判断，数据分析师就得到了基本的目标用户群。

2. 精准定位用户

确定目标用户群之后，数据分析师仍然需要进行大量的数据分析，将用户进一步细分，进行"精准打击"。所谓精准打击，就是制订更具有针对性更契合用户的特质的营销计划，让用户主动选择接触产品。

例如，某企业推出一款健康瘦身沙拉套餐，品牌核心是通过减少热量的摄入，达到不用运动也能瘦的目的。通过外卖的形式扩大覆盖范围，同时因为选用优质材料，价格要相较一般的外卖更贵。

对企业来说，定位人群为追求健康及想要减肥的都市白领。数据分析师对这些用户进行了数据分析，发现有这种需求的女性大多对自己的体重不够满意，同时对生活品质有一定的追求，比较关注时尚类和生活品质类的公众号。有这种需求的男性则是保持健身习惯，食物进行辅助，追求健康的生活方式。

于是该企业在本地一些时尚类和生活品质类的公众号中投放软文，并发放优惠券吸引用户进行尝试。此外，与某计步软件合作，当日步数超过 10000 步时，用户可以领取"1 元换购价值 30 元的健康沙拉"的优惠券。通过这些方式，该企业吸引到一批稳定消费的都市白领用户。短短三年时间内在该城市多个写字楼附近开了数家分店。

用户定位的每一个环节，都贯穿着数据分析。因此，企业必须建立系统的数据库，为数据分析大开方便之门，以此吸引更多用户，产生更大的经济效益。

2.2.2 用数据衡量产品运营效果

越来越多的企业产品运营都使用了数据分析，而其效果的评估，也是通过数据分析来体现的。对运营效果相关数据的分析，可以利用以下两种方式进行评估。产品转化率和用户活跃度是运营效果是否体现其价值的决定性因素。

1. 产品转化率是否提升

企业为产品的研发、宣传运营付出了一定的成本，目的就是获得较高的转化率。通过数据分析，企业能够更好地掌握产品转化率状况。最基础的产品运营效果的分析方式就是设立一个转化漏斗模型。例如，电商网站的转化路径为：网站首页—商品搜索—商品详情—加入购物车—立即支付—确认收货。

企业付费使其销售的商品在相关搜索页面置顶，并且在相关推荐栏购买大量推荐位，这就是在商品搜索环节进行了运营的更新。通过转化路径可以清晰地看出，这个流程的转化数据发生了什么变化，每个小环节的漏斗转化率又发生了什么变化，这样就能比较准确地评估出产品运营方式的变化对流程转化率起到是否起到作用，产品的运营效果是否达到企业预期。

2. 用户活跃度是否增长

用户活跃度是评价产品运营效果的重要指标，在流量可以变现的今天，活跃用户的重要性不言而喻。

例如，小魏第一次在淘宝网购买商品后，购物结束后会看看系统给自己推荐的商品，看看自己有没有感兴趣的，如有时签到领一下淘金币，有时看一下淘宝商品直播，若遇到心仪的产品，就会进行二次消费，那么小魏就是淘宝的活跃用户。

数据分析师通过对日访问次数、日访问时长及收藏指数评估用户活跃度，可以测量出企业运营是否有效果，是否给用户带来长足的吸引力。

在实际统计中，日访问次数、日访问时长及收藏指数标准需要根据产品所在行业变化。例如，社区类产品的收藏指数要统计有过发帖、回帖行为的用户，资讯类产品的日访问次数统计要统计日浏览文章大于 5 篇的用户，电商类产品的日访问次数要统计日浏览商品大于 5 件的用户。

通过对产品转化率及用户活跃度等相关数据的整理分析，体现了企业产品运营的效果。但产品运营效果的评定必须更加全面，需要排除不确定因素的影响。例如，新型冠状病毒性肺炎疫情期间口罩成为刚需产品，这期间口罩及消毒产品的热销与企业营销并无关系。

2.2.3 用数据规划企业发展蓝图

企业的宗旨和目标就是为用户提供更好的服务或产品体验，因此除了对企业自身运作数据的分析和管理，对企业客户数据的研究和分析也为企业的运营策略提供了参考意见。通常，企业会对用户进行调研测试，从而发现用户需求，并引导用户给出解决方案。

叮咚买菜的创始人梁昌霖喜欢将生鲜电商的竞争力比作冰山，海平面上看到的是企业规模，海平面下看不到的是产品供应链，更深层的是组织能力、财务能力和数据算法能力，也正是三大能力的加持，让叮咚买菜真正做到在新型冠状病毒性肺炎疫情期间逆势增长。

叮咚买菜非常注重用户体验。买菜应该是一件轻松的事，叮咚买菜要让它更轻松，更便捷，而对用户数据进行精准分析，帮助叮咚买菜成为现象级的生鲜电商。

对社区电商来说，保证社区的供需平衡是一门学问。平衡生鲜的需求量和供应量，一方面能使用户的需求得到满足，另一方面能使仓库的库存得到最大限度的利用。生鲜产品的保鲜期很短，因此保证供需平衡是一门学问。

数据就是生鲜电商企业最好的指南针，数据分析的内容越细，所能发挥的作用越大。而叮咚买菜充分利用了数据分析，了解同一区域补货次数较多商品或者品类增量供应，及时把握用户需求，如补货时间较长的区域，可以增加商品的库存，或可以增加供货站点。

生鲜购买需求与用户的每日三餐有关，因此，用户留存和活跃都很重要。一旦用户活跃度冷却，用户流失的概率会加大。因此，叮咚买菜极其重视用户的精细化运营，经常使用促销、消息推送手段，保障用户活跃度。

叮咚买菜根据不同区域的运营目标，如拉新、流失客户召回、老客户回馈等，再结合用户行为特征和用户偏好等，进行促销活动的推送，并收集推送后续效果数据。

在叮咚买菜的不断发展和迭代的过程中，数据分析驱动了多元化的应用和实践。企业利用数据分析为用户带来了轻松、愉快的购物体验。数据分析也为企业的发展指明了方向，规划了蓝图。

2.3 为企业增值

2.3.1 数据价值转化为盈利模式

美国数据技术专家史蒂芬·布罗布斯特（Stephen Brobst）在天睿企业的全球用户大会上演讲时曾提道："在硅谷，要么你已经是一家数据企业，或者将来会成为一家数据企业，或者已经被彻底淘汰。因为大数据正在变革各个行业认识自己的方式。"

劳斯莱斯除了是著名的汽车品牌，还是发动机的生产商。发动机对安全性的要求极高，仅靠员工的细心不足以确保 100%的安全性。为了保障发动机的安全性能，劳斯莱斯在发动机生产的多个环节运用了数据分析。

劳斯莱斯汽车公司的首席科学家保罗·斯坦（Paul Stein）表示："我们在设计环节运用了集群式高性能计算机，每次模拟都会生成数十 TB 的模拟数据。然后运用计算机算法深入研究这些数据，看看该款新品设计得到底是好还是坏。"

同时在发动机制造中，车间实现了物联网环境的全面覆盖，每个生产加工环节产生的数据全部归纳至数据库，只为了满足组装环节对发动机精密度和安全性的严苛要求。

劳斯莱斯的发动机都配备了发动机健康模块。不论是飞机发动机、直升机发动机还是舰艇发动机，每个发动机都配备了数百个的传感器，用来采集发动机的各个部件、各个系统及各个子系统的数据。这些信息通过专门的算法，进入发动机健康模块的数据采集系统中。无论是在高空中，还是在海洋里，数据都会被传回劳斯莱斯的总控室。所有发动机传感数据由一个 200 人左右的数据分析师团队，分组轮班地进行不间断的分析。一年下来，能够产生 5 亿份数据分析报告。

劳斯莱斯大量运用数据分析的目的，就是让他们的发动机更加安全可靠。当发动机出现故障的时候，企业能够第一时间发现并进行修理。数据分析的广泛使用使企业实现了开源节流，节省了大量的维修检测人力物力，同时这项实时监测服务以小时为单位向航空企业收费。数据分析技术为劳斯莱斯带来了巨大的收益。数据分析对劳斯莱斯的成功起了举足轻重的作用。

企业在经营的各个阶段，如果都能做到对数据进行最大限度地分析利用，就能够从中获得巨大的收益，甚至改变盈利模式。

2.3.2 数据辅助业务扩充

通过对社交数据、用户互动数据等进行数据分析，有助于企业品牌的水平化设计和碎片化扩散。因此，对一些细枝末节的信息流，企业都必须重视起来。数据分析师可以借助大数据平台上公开的海量社交数据，通过数据分析交叉验证技术，将数据与内容关联起来，发现用户需求，进而面向拥有潜在需求的用户开展精细化服务，为其提供更多便利，用户也就能给企业带来更多价值。

广州餐道信息科技有限公司创始人李振宏曾分享过，餐饮企业的数据分析师需要了解和掌握用户数据，通过数据分析知道用户更喜欢什么样的菜品，菜品定量和包装等如何才能满足众多用户的需求。只有通过对用户数据的精准分析，餐饮企业才能有针对性地依据数据及时扩充业务内容，从而更好地为客户提供产品和服务。

特易购是全球利润第二大的零售商，这家英国超市对会员卡的购买数据记录进行分析，为用户定性，如素食主义者、单身人士、有小孩的家庭等。对数据的利用也使特易购从中获得了巨大的利益。

特易购对用户进行分类，并为他们"量身定制"优惠券。其中四张针对用户经常购买的商品，另外两张则是依据客户的消费行为进行数据分析，猜测出他们将有可能会需要的商品。这种方式能够吸引顾客回购，并且不必让其他商品降价促销。

通过追踪这些优惠券的回笼率，特易购可以进一步了解客户的消费情况是否与数据分析相符。店内也可以依据数据分析出周围社区人群的喜好，更有针对性地设置促销活动，从而促进商品的流通，减少库存积压。

数据分析对企业发展有着决定性的意义，数据分析技术的运用能够帮助企业不断开发新业务，帮助企业不断前进，在企业发展中发挥着重要作用。

目前互联网发展迅速，只有充分利用数据分析，企业才能在竞争激烈的市场中寻得立足之地，甚至利用数据分析在市场中开疆扩土。无论是从行业竞争角度还是企业日常经营的角度看，数据分析都能为企业带来很多便利，帮助企业不断发展。

第 3 章

收集数据：开启数据分析的第一步

数据收集是有计划、有组织地运用科学统计方法，收集客观实际数据资料的过程。从整个数据分析的过程来看，数据分析阶段既是现象总体认识的开始阶段也是数据整理分析的基础环节。

3.1 收集数据的三大原则

数据收集不是简单地将所有相关数据都纳入分析，有些数据放入数据库中反而会影响后续的数据分析。数据收集有三大原则：虚假数据不收集、误差数据不收集和无用数据不收集。在数据收集的过程中，数据分析师应选择合适的数据内容，排除不良数据，保证数据的准确性与实用性。

3.1.1 虚假数据不收集

数据驱动决策制定，只有正确的信息和数据才能经过整理分析后得到正确的结果和结论，并应用于企业决策之中。如果收集的数据是虚假的，那么企业不可能制定出适合自身情况的决策方案。

《纸牌屋》在 2012 年成为全球火爆的视频之一，它依据同名小说改编而成，讲述一个美国国会议员在白宫步步为营、掌控权力的故事。它成功的背后离不开网飞公司准确的数据收集。

2012 年对美国网剧市场来说具有里程碑的意义。这一年，美国用户通过互联网观看电影的数量超过了家庭电视观看的数量，这其中包括 DVD、录像带等。这意味着用网络电视收看视频成为主流。

网飞公司便是最早尝试将数据分析运用到媒体行业的企业，它通过准确定位用户，使得收集的数据极为真实，造就了《纸牌屋》的成功。

当时，网飞公司拥有 3300 多万的用户，遍及全球。甚至于高峰时，美国的网络下载量都来自网飞公司用户，这些用户每天产生的行为包括暂停、快进、跳过等，足足高达 3000 多万次。

大多数时候，网飞公司用户产生的数据看上去似乎极为枯燥无用，不过也正是这些枯燥无味的数据代表着用户真实的口味与喜好，《纸牌屋》的成功也是源自于此。网飞公司通过对用户的行为进行分析后，发现喜欢观看英国迷你剧版本《纸牌屋》的用户很喜欢导演大卫·芬奇与演员凯文·史派西。

得到这些数据反馈的网飞公司由此确定了新版《纸牌屋》的男主角与导演。而网飞公司的公关总监乔纳森·费兰德在接受采访时说："我们能够清楚地知道用户在网飞公司上的观看行为，通过对这些代表着用户真实需求的数据进行分析，我们确信《纸牌屋》将大受欢迎。不久之后，我们还会针对不同用户推出个性化节目。"

网飞公司通过对用户观看行为进行数据分析，从而挖掘出那些喜爱导演大卫·芬奇与演员凯文·史派西的用户，并向他们推荐《纸牌屋》。网飞公司捕捉到用户的真实想法，并且根据这些真实的想法，主动调整《纸牌屋》的剧情，迎合观众的需要，最终自然得到一炮而红的反响结果。

网飞公司的数据来源于它的 3300 多万用户，这些数据简单归纳一下可以分为四个方面，如图 3-1 所示。

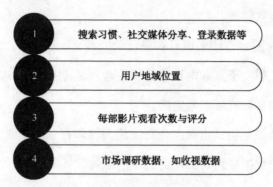

1	搜索习惯、社交媒体分享、登录数据等
2	用户地域位置
3	每部影片观看次数与评分
4	市场调研数据，如收视数据

图 3-1　网飞公司的数据来源分类

当然，以上四种类型的数据只能给网飞公司一个可靠的真实信息，具体的决策部分还需要网飞公司自行判断。不过，收集数据的真实性对同类型企业的发展有重大帮助，具体体现在以下三个方面。

1. 定位用户需求

以往传统企业常常依靠问卷调查、抽样调查等方式收集数据。这些传统方法所获取的数据极其有限，同时得到的用户数据可靠性仍待商榷，也因此导致企业决策与最终的结果往往容易出现偏差。

而网飞公司以 3300 多万用户的行为模式、观影记录、搜索习惯等内容为数据资料，一方面充分挖掘自身用户的信息价值，另一方面因为用户自身需求的外在表现都体现在这些数据中，所以确保了数据的可靠性。

依靠这些信息，网飞公司在用户观看过程中发现每个用户的需求，为每个用户推送个性化的内容，这一点对《纸牌屋》的成功起到了决定性作用。

2. 适时地推送广告

网飞公司是一家影视类企业，而影视类企业的广告收益是企业发展的基本支柱之一。如何既巧妙地将广告插入到影视剧中，又不使观众产生厌烦心理，成为影视业的一大难题，数据的真实可靠性则将这一难题化为了简单易解决的事情。

影视类企业将用户真实数据提供给广告主，广告主自行寻找目标用户，并找到目标用户喜爱的影视产品，接着将广告插入这些影视产品中。不仅如此，广告主通过影视类企业提供的数据精准定位用户使用时间点，在这些时间点投放广告，从而达到提升广告转化率与传播率的效果。

3. 及时调整

真实的用户数据才能反映影视剧的不足之处。影视类企业只有清晰地认识到不足之处才能依此做出调整，保证产品功能符合用户需求，减少用户流失。

3.1.2 误差数据不收集

Facebook 是世界排名第一的照片分享站点，同时也是一个社交软件。Facebook 用户数量非常庞大，单日用户数量已经突破十亿大关。Facebook 创始人团队一直在研究用户的行为，用户的行为包括点赞、分享、留言、点击页面等数据，依靠对这些数据的分析实现精准广告推送。

在数据分析时代，互联网巨头更加注重对数据的研究分析，数据信息的收集已经达到了新高度。互联网巨头不仅要收集大量数据，还要收集更加准确的数据。企业收集的数据越准确，企业就越能在未来获得更大的市场。而 Facebook 便是致力于精确的数据收集。

那么 Facebook 到底如何进行精确的数据收集呢？可以从 Facebook 的博客上找到这个问题的答案。Facebook 博客宣称："通过对用户的情绪数据进行精确分析，就能够判断用户是否处于热恋阶段、是否准备约会、是否打算结婚及是否准备分手等。换句话说，Facebook 通过精确的数据收集并加以分析就可以更早地洞察情侣之间的感情状况，甚至比情侣本身更早察觉彼此之间的爱意。"

无论是传统的线下交往模式，还是通过社交网络确立恋爱关系，都会经历一个表露"爱意"的过程。美国研究院学者卡洛斯认为："随着彼此之间交往时间的增多，社交网络中的用户在表露爱意期间会释放更多的信号，这个信号就是对方 Facebook 留言板上的帖子。而一旦两人确立了恋爱关系，两人 Facebook 留言板上的帖子数量会出现下降趋势。这是因为恋爱期间的情侣更愿意花费时间在现实生活中相处。"

Facebook 通过精确收集用户信息并进行分析后得出这样一个结论：两个用户在正式成为情侣之前的 50 天里，两人之间的发帖互动越来越频繁；而两人正式成为情侣后，互相发帖的数量有所下降。发帖的高峰期在两人确立情侣关系的前 12 天，平均每天的发帖数为 1.67；确立情侣关系后的 12 天里，平均每天的发帖数下降至 1.53。

通过 Facebook 交往的情侣间的这个现象与卡洛斯的结论不谋而合，情侣在确认关系后，双方线下相处的时间延长，线上互动的时间自然减少。卡洛斯说："Facebook 的数据还显示了另一个有趣现象，当用户告别了单身以后，互动的内容会更加甜蜜。"

另外，Facebook 收集了情侣用户收听的音乐数据并做出分析，得到了一个有趣的结论。

Facebook 有用户分享音乐歌单的功能，利用这个功能，Facebook 积累了大量的用户收听音乐数据。Facebook 将情侣用户间的关系进程与所分享的音乐这两项数据进行了对比分析，最终得到了一个情侣确认关系后喜欢收听的音乐歌单。在情人节当天 Facebook 公布了这份歌单，获得了非常不错的传播效果，该歌单 TOP6

如图 3-2 所示。

第一	"Don't Wanna Go Home"（不想回家）
第二	"Love onTop"（爱唯一）
第三	"How to Love"（如何去爱）
第四	"Just the Way You Are"（你就是你）
第五	"Good Feeling"（好感）
第六	"It Girl"（女孩）

图 3-2　情侣用户最喜爱的歌曲 TOP 6

Facebook 通过精确收集数据并进行分析，将这些分析的结果又应用于用户推荐上，带给用户良好的体验。有数据指出，Facebook 在近几年的时间内收集了超过 300PB 的用户数据信息。收集了这么多的精确数据，Facebook 用这些数据做了什么事呢？接下来就将介绍 Facebook 数据应用的 4 个领域。

1. 搜索

在搜索方面，其实 Facebook 并不占优势，甚至存在很大劣势。Facebook 有时不得不将需要搜索服务的用户转到谷歌。不过，如今的 Facebook 正在做出改变。

例如，当收集到"一对情侣想去夏威夷度假"的信息后，谷歌就会根据用户的搜索记录推荐夏威夷知名的海滩、景点和饭店，但用户采纳的效果却并不明显。而当 Facebook 收集到这条数据后，则会挑选出该用户曾经去过夏威夷旅游的好友，将用户好友相关的旅游感受、酒店评价、景点观后感等内容推荐给将要去夏威夷的用户。

由此可见，Facebook 与谷歌的推荐指南出现了巨大的差异。对 Facebook 来说，因为用户信息更加丰富，Facebook 拥有着更大的数据挖掘潜力。

2. 广告

用户的良好体验是 Facebook 的第一目标。而广告插入的时机、长度、广告种类等因素会非常影响用户体验。而 Facebook 通过精确的用户数据收集与分析，在开展广告业务的过程当中，保证了用户体验。

数据营销企业 lgnitionOne 曾公告：Facebook 近两年的发展依旧呈现上升态势，截至 2018 年，Facebook 的移动广告收入高达 850 亿美元。

3. 图谱搜索功能

Facebook 开放了图谱搜索功能，这是一个围绕某个人和他的朋友、熟人、喜爱的明星等内容建立起的关系网。图谱搜索功能与传统的关键字类型搜索功能相比，更能够满足用户的深入需求。通过图谱搜索功能，用户可以更快速地找到自己所需内容。

例如，当用户想要找到有相同电影爱好的朋友时，就可以搜索"我的好友中有谁曾经看过 XX 电影"。Facebook 通过对用户的数据分析会推荐一串好友名单，用户就可以选择其中的某些好友进行交流。

Facebook 的图谱搜索一经推出后，公众自然会将其与谷歌搜索进行对比。对比发现，通过谷歌搜索信息时，得到的结果往往是已经存在的信息。例如，搜索"世界历史"，就只能出现关于这几个关键字的数据信息。而 Facebook 上的搜索结果是某些好友曾经留下的言论，而这些言论往往更能满足用户内心深处的隐性需求。

4. 电子商务交易平台

Facebook 最大的收入来源之一就是电子商务。2017 年，全球电商市场规模达到 2.304 万亿美元，同比增长 24.8%。面对如此庞大的市场，Facebook 便立即推出了购物按钮，帮助某些品牌在社交平台上进行零售。

Facebook 的野心远不止于依托社交平台进行销售。Facebook 开始在大洋洲测试具备独立交易功能的电商平台，美国科技新闻网对此事件报道称：Facebook 的这一举动，将会让众多的网络交易平台"失眠"，包括网络交易平台 eBay 和交易信息发布平台 Craigslist。可以说，Facebook 意在建立起一个新的"亚马逊"。

目前，各大互联网巨头都希望能够成为用户的"钱袋"，包括谷歌、苹果、亚马逊等。但 Facebook 拥有得天独厚的用户优势：Facebook 的图谱搜索功能能够加强用户与 Facebook 之间的联系，用户对 Facebook 的依赖也与日俱增。未来，电子商务有可能就是 Facebook 的主要发展方向。

3.1.3 无用数据不收集

一直以来，数据被认为是企业的隐形财富。企业通过收集海量数据，并对数据进行深入挖掘，找到有价值的数据，对其进行分析，最终描绘出用户画像，实现精准营销。因此，数据必须是有价值的，换言之，数据必须是可以使用的。

百度创始人李彦宏说过："过去，人们不管产生了多少数据，其实都是在做无用功，因为我们无法利用到这些数据，所以从这个意义上来讲，传统产业及早期互联网产业在数据分析上都不占优势。我们所说的很多数据实际上也只是宏观上的预测。如预测中秋节、国庆节哪个景点的游客较多，春节哪个省份的高速公路堵车了……这些都是利用统计学可以得出的结果。但是通过数据分析得出某个人在某个餐厅会点什么菜，或者某个人几年后会在某个地方工作、会和谁结婚等，百度目前还无法实现。"

从李彦宏的话中可以看出，在未来，能够进行数据分析的数据必须是可以使用、可以产生价值的。因此这就需要去除许多重复、无用的数据。下面简单介绍一种重复数据删除技术，帮助数据分析师解决这个难题。

数据缩减技术旨在去除存储系统中的一些重复存储数据。从前，重复数据删除技术主要用于企业备份和归档部门的储存系统。如今，重复数据删除技术已经被广泛地应用在互联网云端，帮助互联网企业过滤大量重复无用的数据。

IDC 企业曾经预测：2020 年，全世界产生的数据规模将会是 2009 年数据规模的 44 倍。面对如此庞大的数据数量，企业不得不对数据进行分类筛选。每天产生的业务数据是企业最宝贵的无形资产，但是夹杂其间的无用数据为企业利用这笔无形资产带来了困难。

因此，很多企业根据不断变化的用户需求，定制不同的重复数据删除技术，以求持续获得有效的数据。

一般而言，重复数据删除技术的模式有以下几种，如图 3-3 所示。

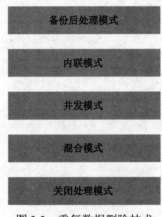

图 3-3　重复数据删除技术

1. 备份后处理模式

备份后处理模式是在数据备份后进行重复数据删除的模式，这种重复数据删除技术能够有效减少备份时间。

2. 内联模式

内联模式的主要优势在于它能够最大限度降低储存配置需求。对需要立即复制的小型数据，这种重复数据删除方式是非常有效的。

3. 并发模式

并发模式与备份后处理模式的机制类似，只有运行时间不同。并发模式在第一组记录时启动，与备份后处理模式一同运行。并发模式启动迅速，能够最大化利用 CPU 资源，特别适合集群化 VTL（虚拟磁带库）环境。

4. 混合模式

顾名思义，混合模式就是将备份后处理模式、内联模式及并发模式结合的方式。这种重复数据删除方式本身采用内联重复数据删除模式，但不使用内联模式的删除引擎，从而大大提高备份后处理模式与并发模式的性能。

此外，在 CPU 处理能力较为出色的环境下采用混合模式能够得到更加干净有效的数据。因为出色的 CPU 能力能够确保内联模式的运行，同时又能提高数据处理的性能。

5. 关闭处理模式

对较难进行其他重复数据删除方式的数据或者需要通过物理磁带导出的数据可以采用关闭处理模式。如录像文件、压缩文件、加密文件等，这时如果出现数据难以删除的情况，可以先选择性关闭重复数据，删除其中某些功能，使其他功能更高效地运作，从而节省重复数据删除周期。

以上五种重复数据删除方式各有特点，数据分析师应该根据企业的实际需求，选择最合适的重复数据删除方式。同时还需要根据企业发展情况不断调整重复数据删除类型，达到灵活变换的效果。

3.2 制订数据收集计划

明确数据收集的计划流程能确保最后的数据分析结果具有指导意义。那么如何才能较为准确地制订数据收集的计划呢？下面通过确定工作范围、建立必要的编码原则、建立公用信息、确定 BOM 结构和数据检查对制订数据收集计划的步骤进行详细讲解。

3.2.1 确定工作范围

制订数据收集计划的第一步是确定工作范围，先划定范围，再动手实施。例如，某电商 App 上线后，前期吸引了大量的新用户，但随后出现了用户登录时间短、付费金额少等情况。那么数据分析师这次工作的内容就是收集这些登录时间不长、付费金额少的用户数据，并展开分析研究。

依据项目内容确定项目范围，从而确定哪部分数据需要准备。工作计划的制订是确保工作效率的前提，依据工作的难度将准备工作分到多个部门完成，同时在工作中要注意安排定期的沟通会议，方便各部门之间确定工作进度，对工作流程进行对接。

无论是哪个部门收集整理的数据，数据分析师都要确认数据无误后再进行归纳和分析，避免各部门之间因为工作范围重复而导致数据出现覆盖或重复的情况。

3.2.2 建立必要的编码原则

基础数据的涵盖面非常广，同时基础数据准备的工作量大，各类数据从几个到几十万个都有。企业通常利用 ERP（企业资源计划）系统进行数据收集，因为 ERP 系统最大特点是对整个企业信息系统的整合，比传统单一的系统更具功能性。

ERP 系统运用编码进行对数据的管理，编码是指给数据打上唯一的标识。在整个项目中，各项数据的查询和应用都要利用这个编码。建立编码是为了使后面的工作有可以遵循的原则，也为庞杂数据的分类确定了唯一的标签。磨刀不误砍柴工，数据分析师应当重视编码的作用，不可急于求成，忽略了这项重要的工作。

编码原则要按照 ISO9000 标准编号规则进行编号的制定和管理，由企业统一调度，全程监督。尤其对量大的基础数据，必须由多个部门共同确定编码方案。

3.2.3 建立公用信息

建立公用信息会使数据分析师的后续工作简单很多，数据是一个庞杂的集合，如果预先做了一定的工作，那么对后续数据信息的处理是非常有帮助的。

某企业建立了采购信息数据库，采购人员可以随时查看数据库中各种设备元件的库存情况，制订采购计划。采购信息数据库的建立使采购人员可以提前订购设备元件，避免了由于设备元件定制时间过长无法立即供应而导致的生产中断的情况；同时，数据分析师能够依据企业的库存情况，随时跟进判断企业生产效率。

公用信息数据库的规模较大，数据量大，使用便捷且没有时空限制。将各部门与公用信息数据库相连接可以保持公用信息数据库的同步更新，方便数据分析师使用。如果在需要利用公共数据信息的时候再组织人员进行整理，整体的效率和进度都会大打折扣。

3.2.4 BOM 结构的确定

BOM 是指物料清单，企业要建立生产系统、计划或产品研发模块，就必须使用 BOM。BOM 的影响范围很大，内容也非常重要，因此要保证它的内容更新及时且准确。BOM 结构的确定，必须做到显示制造层次和避免含意不清。

例如，某文具生产企业生产一本笔记本需要 A、B、C、D、E 五种原材料。如果 BOM 清单将这五种原材料共同列在一份清单内，那么企业必须等到 A、B、C、D、E 五种原材料全部到货完毕才可以开始生产笔记本。

但实际情况往往不是这样，假设 A 与 B 两种原材料构成了笔记本的主体纸张，

C 与 D 两种原材料将笔记本组装起来变为成品，实际上应该显示两层制造层次，第一层印刷纸张，第二层组装材料。这样，仅仅只有 A 与 B 两种原材料，也可以安排现行生产，还可以节约企业出货时间。

BOM 结构要求企业明确产品制造层次，将制造层次进行合理划分。并不是层次分得越细越好，BOM 结构应尽量以半成品的形式分层。因为每多一层 BOM 结构，就会增加非常多的数据量，所以 BOM 结构的制造层次显示应该少而精。

BOM 结构不仅应该显示产品具体的组成结构，还需要说明产品制造的各个阶段。BOM 结构中，各组件生产的速度有快有慢，企业必须严格把握各组件的生产情况，防止含意不清的状况出现，耽误产品生产进度。因此数据分析师需要将 BOM 结构层次控制合理，并随时关注生产进度，这样可以使产品生产工作处于随时可控的状态。

3.2.5 数据检查

数据分析师所做的判断都是基于正确的数据进行的，因此数据检查的重要性不言而喻。数据检查是保证数据分析师工作结果正确的其中一道关卡，数据检查分为完整性检查、正确性检查、唯一性检查三个方面。

（1）完整性检查：完整性检查即检查数据的数量是否完整。完整性检查应找企业中经验丰富的人员计算数据总量，并与往期数量进行对比。所有的 ERP 软件都有必须输入的字段，因此还要检查字段的完整性，字段的缺失会造成系统的不稳定。

另外还有一些并非软件要求的，但因对企业今后的业务及统计分析有用的字段也要进行完整性检查。如用户分类、用户偏好和所属地区等。

（2）正确性检查：正确标准由企业根据自身需要制定检查原则。对某些原则性错误，例如，会计科目属于资产类型，因人为错误输入成负债类型的，这样的原则性错误在系统上线前必须发现并改正。

（3）唯一性检查：一个编码能且只能对应一个实物，有时会出现多个实物使用同一个编码错误。如果不及时纠正，以后录入系统，ERP 软件会提示编码已经存在，并拒绝接受该编码。一个实物对应多个编码的错误查找起来更加复杂，因为这种错误 ERP 软件是发现不了的，必须利用人工查找。这种情况要求数据分析师必须认真细心，否则在系统上线后会产生大量错误数据。

同时要注意，在改正错误之后，要做好资料版本的控制。资料版本的控制工作在多部门参与的数据整理工作中尤为重要。

某企业多个部门同时对一份相同的资料进行修改，修改之后没有对资料版本进行控制，只有自己部门相关一部分数据是正确的，其他部门数据仍是错误的。这导致在录入数据时，无论以哪个部门的数据为准都不行，必须用正确的数据替换错误数据后，再进行合并才行。

由此可见，除了将整体工作切分给各部门，针对每类数据都应该设置负责部门和负责人员。每次修改后由负责人员将文档的版本更新，旧版本数据也要同时保存，这样做可将失误造成的的损失降低到最小。

3.3 如何收集数据

数据收集是数据分析的前提。巧妇难为无米之炊，数据分析师的能力再强，如果没有系统化的数据库，也无法做到准确分析，因此数据收集显得尤为重要。下面从明确收集数据的目的、决定数据分层因素、选择正确抽样方法三个步骤阐述如何进行数据收集。

3.3.1 明确收集数据的目的

小汪刚刚开始从事数据分析的工作的时候，常常需要对企业产品的某个功能进行专业分析。如洗衣液的舒适感、休闲上衣的肩宽尺寸等。

每当小汪完成了这些分析向经理报告时，经理就会问小汪："你在进行这些专业分析前，进行数据收集的目的是什么。"小汪一般就会回答，为了让产品的功能更完善，为了让企业获得更好的发展等诸如此类的话语。

而当小汪说完这些话以后，经理就会教导小汪一番："你的这些话有一点实际的作用吗？收集数据的目的只有一个，让消费者满意。那怎么让消费者满意呢？自然就是让产品的功能更满足消费者的内心需求。例如，企业的主要客户是中年人，收集洗衣液的舒适感数据，其目的是让洗衣液对中年人手部皮肤的伤害达到最小，让他们获得一种更舒服的手感。而收集休闲上衣的肩宽尺寸数据则是为了让客户在穿衣时能够拥有更为舒适的放松感。所以，充分理解数据收集的目的对整体的数据分析来说起着至关重要的作用。"

经理的这番话让小汪感触很深，明确数据收集的目的就是确定了数据收集的主心骨，确保最后的数据分析结果具有指导意义。那么如何准确理解数据收集的目的呢？这里介绍一种常见的思维方法——逻辑树，帮助大家准确分析收集数据的目的。

逻辑树通过将问题进行分层罗列，对这些问题的子集进行讨论，从初始的问题开始，逐步向下扩展，从而分析数据收集的目的。逻辑树是分析数据收集目的时常用的方法之一。将已知的某个问题当成树干，然后考虑这个问题与那些相关问题的联系。在联系的问题所在的"树干"后面添加一个"树枝"，并标明"树枝"代表什么，如图3-4所示。

图 3-4 逻辑树示例图

在大的"树枝"后面还可以添加小的"树枝"，依次类推，循环往复，直到找出与问题相关联的所有情况。建立逻辑树的主要目的就是帮助数据分析师理清收集数据时的思路，避免数据分析师进行大量重复无关的工作，同时也能减少时间的浪费。

当然，逻辑树的使用也需要遵循一定的原则。

（1）逻辑树需要将相关问题总结归纳成一类问题。

（2）将各个要素归纳成一个完整的框架，不能出现重复和遗漏的情况。

（3）框架内的各个要素需要有一定的联系，不能出现孤立的情况。

下面用一个收集利润数据的实例来展示逻辑树的使用方法。首先，需要明确收集利润数据的目的是什么，总体来说，研究这方面的数据是为了找出提升利润增速的方法。

明确了这一点以后，数据分析师就可以明确某些问题。一般而言，利润、产品成本、产品的价格等指标之间有直接关系。因此这三个指标就可以作为"树干"，之后通过对这三个指标进行相关联系得出其余的"树枝"。

由于篇幅有限，这里只对每个产品的成本问题进行相关联想。与产品成本有关联的内容有产品材料、人工费用、广告费用等，所以这里的"树枝"就可以是产品材料、人工费用、广告费用等。

逻辑树将问题细致化，使之变成一个个小的、便于解决的任务，确保收集数据时不会出现方向模糊的问题。有利于数据分析师明确为企业进行数据收集的主要目的。不过，逻辑树依然存在着缺点。例如，在上述的分析中，涉及的关联内容可能存在遗漏。所以在使用逻辑树时尽量将涉及的问题考虑周全。

3.3.2 决定数据分层因素

小李在某个小区开过一家水果店，但销量一直平平，店铺只能算是勉强维持。小李以前没有开过类似的店铺，本身就欠缺经验，面对这样的问题，他也不知道该如何解决。

小肖因公到外地出差几天，出差地点恰好就在小李家附近。于是小李热情地招待了小肖，饭后，小李便向小肖宣泄他的苦恼，并问小肖有没有好的解决办法。

小肖："你知道你生意不好的原因吗？"

小李："没客人啊。"

小肖："为什么没客人啊？"

听到小肖的再次提问，小李想了一会儿，"可能是我开的店位置不太好，还有可能是产品品质不够好吧。"

听完小李的答案，小肖又问道："为什么不是小区人不够多呢？"

小李再次回答："这小区我住了好几年了，夏天一到傍晚，广场和街道都挤满了人，所以应该不是这个原因。"

问到这里，小肖基本上已经对小李经营状况不好的原因有了一个初步的了解。之所以出现上述的情况，是因为小李缺乏对小区用户数据的收集，并且缺乏正确的数据分层收集。为了帮助小李解决这个问题，小肖给他提出了三个建议：

第一，首先在小区地图上将该小区每家店铺的位置标注出来，并且附带上店铺名称及营业时间。

第二，对该小区进行日常购买水果品种的问卷调查，同时收集用户年龄、性别等信息。

第三，将店铺内的水果销量进行统计，区分出淡旺季水果。

根据小肖的建议，小李花费了几天时间，终于完成了这些数据的收集。在这个过程中，小李似乎也发现水果店为什么经营状况不好的原因，根据这些因素对自家的水果店进行整改。不久后，小李的水果店盈利状况已经大为改观。

为什么收集数据以后，小李就知道了水果店经营状况不好的原因呢？

首先从之前与小李的谈话中，可以知道这个小区的人流量是十分可观的，所以在对数据进行收集的时候就只需要确定这个小区哪些路口是人们常常经过的，店铺越密集的路口说明人流量越大。因此小肖建议小李标注每家店铺的位置，确定该小区人流量最密集的地方。

其次，小区用户日常购买水果品种的问卷信息能够帮助小李确定水果店的进货类型、用户的类型等。例如，在后来与小李的一次交流中，小李说道："原来这里的人南方人居多，喜爱吃荔枝和甘蔗，并且还喜爱吃香梨。"根据这些信息，小李后来进货时加大了荔枝与甘蔗的进货量，还增加了香梨这个水果品种。

同时，小李还说道："这个小区的老年人占据了 30%，由于有些老年人身体状况不好，所以他们适宜吃一些有减少血糖过度波动功效的猕猴桃，对心脑血管病有预防作用的葡萄，可降低血液的黏滞度、降低血栓的形成概率的柚子等有益身体健康的水果。"

为此，小李每天前往水果市场进购这些新鲜水果，提供给小区的老年人。同时，考虑到老年人身体的不便，他还提供送货上门服务。

最后，通过对水果店铺的水果销量统计，能够清楚知道哪些水果是滞销水果，哪些水果是热销水果，从而相应地降低或增大进货量。而区分出淡旺季水果是为了更好地管理水果的库存，如果是水果的旺季，可以加大每天的进货量；如果是水果的淡季，可以降低进货量。如此一来，在旺季不用担心水果买完；而在淡季即便有一小部分水果没有卖出，第二天滞留量也极其有限，从而确保每天水果都处于一种新鲜的状态。

这个案例中，小肖将水果店铺数据收集的信息划分成了三类，第一个是关于竞争对手的数据，第二个是关于用户的数据，第三个是关于自身产品的数据。以这三个层次的数据作为基石，帮助小李认清了水果店的不足，完成了销量的快速增长。

3.3.3 选择正确抽样方法

网飞公司通过对用户的广泛抽查确定了《纸牌屋》导演与男主角的人选，获得了成功；Facebook 通过抽取特定的人群的数据洞察出了情侣间的爱意，从而带给用户更美好的体验；小李通过随机调查用户日常购买水果的品种等信息，取得了事业上的成功。这些案例无一不在告诉数据分析师一个真理：收集数据时一定要选择合适的抽样方法。

在收集数据的过程中，数据分析师经常采用的抽样方法有四种：简单随机抽样、分层抽样、整群抽样和系统抽样。

1. 简单随机抽样

简单随机抽样也被称为单纯随机抽样。它是指通过逐个抽取的方式从总数为 M 个的单位中任意抽出 N 个单位作为样本，同时确保每个样本被抽中的概率相等的一种抽样方式。

简单随机抽样的特点十分明显：

（1）简单随机抽样中被抽取的样本的总体个数 M 是有限的。

（2）抽取样本数 N 小于或等于样本总数 M。

（3）抽取样本需要从总体中逐个抽取。

（4）每个单位被抽中的概率均一致。

当然，简单随机抽样也存在着一些缺点：

（1）事先需要对样本进行编号，比较消耗时间。

（2）假如总体样本分布地点较为不均，会使抽取的样本的分布地点也不均，给数据收集带来困难。

（3）当样本容量较小时，如只有 10 个左右时，就容易出现抽取的样本出现偏向，影响结果的正确性。

（4）当已知研究对象的某种特征将直接影响研究结果时，要想对其加以控制，就不能采用简单随机抽样法。

简单随机抽样除了以上优缺点，还有不同的抽样方法，一般来说可以分为两种：重复抽样和不重复抽样。在重复抽样中，每一次抽中的样本单位需要放回总体，所以样本中的某个单位可能会被抽中多次。在不重复抽样中，抽中的样本单位不需要放回总体，所以样本中的某个单位最多只会被抽中一次。

2. 分层抽样

分层抽样也被称为类型抽样法。它是指在可以分为不同层级样本的总体中，按照一定的比例从不同层级的样本中随机抽取一部分样本的方法。这种方法的优点是，通过划分层级，增大了各类型单位间的共同性，容易选出有代表性的样本，使得总体的抽样结果误差较小。而缺点是中间步骤比简单随机抽样还复杂一点。

分层抽样的具体步骤如下。

（1）依据样本单位的特征对样本总体进行层级划分。例如，研究某种产品的消费者时，按常理认为未成年人与成年人具有不同的消费水平，为此将总体的单位划分为成年人与未成年人两个层级。

（2）确定每个层级占样本总体的比例，依据比例确定需要抽取的样本单位。

（3）用简单随机抽样的方法从每个层级中抽取独立的样本单位。

一般来说，常见的分层有性别、年龄、教育、职业等。分层抽样在社会调查中被广泛使用，在相同样本容量的情况下，分层抽样比简单随机抽样的精度高，同时管理较为方便，花费成本低，效率较高。

3. 整群抽样

整群抽样是指将总体分成许多群，这些群按照一定的规则由样本单位组合而成，然后通过简单随机抽取的方式抽取其中的某个或某些群，这些群中的所有样本单位作为被选中的个体，从而实现对全面抽样调查的一种抽样方式。

例如，需要检验工地某一批钢筋的质量时，并不是逐个抽取某根钢筋检测质量，而是将钢筋分成若干批，并从中抽取某几批钢筋进行检验。

整群抽样的具体步骤如下。

（1）确定分群的标记。

（2）按照标记的划分，将总体分成若干个互不重叠的分群。

（3）确定应该抽取的群数。

（4）采用简单随机抽样方法，进行抽样。

例如，需要调查某个学校高中生的零用钱情况，可抽取某一个班做统计；进行产品质量检测时，可每隔 3 个小时对一批货物进行检验等。

整群抽样的优点是易于实施、节省经费；缺点是由于不同群之间的差异较大，所引起的抽样误差也远远超过简单随机抽样与分层抽样，且样本分布面不广，容易缺乏代表性。这就造成整群抽样与分层抽样虽然在形式上有相似之处，但在实际结果上容易产生较大差别，两者的差别主要为以下两方面。

（1）分层抽样总体中的各层级差异很大，层内个体差异小，而整群抽样总体中的各群之间的差异较小，群内个体差异大。

（2）分层抽样的样本是在每个层内抽取若干个体构成，而整群抽样则是整群抽取。

4. 系统抽样

系统抽样也被称为等距抽样、机械抽样。它是指将总体的所有单元按照一定次序排列，先依据简单随机抽样的方法抽取第一个样本单元，再按照一定顺序抽取其余的样本单元。

系统抽样可选用下列方法进行抽样。

（1）随机起点系统抽样

将总体平均分成 k 段的前提下，从第 1 至 k 号的总体单位中随机抽选一个样本单位，然后每隔 k 个单位抽取一个样本单位，直到选出 N 个单位为止。这 N 个单位就构成了随机起点的样本。

这种方法可以保证每个单位都有相同的概率被抽到。但是，如果出现随机点处于该段的低端或高端部分，就会导致后续抽取的单位偏离相应的位置，从而使抽样的样本出现偏系统误差。

（2）半距起点系统随机抽样

这种方法是在总体的第一段，取 1，2，$\cdots$，k 号中的中间项为起点，每隔 k 个单位抽取一个样本单位，直到抽满 n 个样本单位为止。

（3）随机起点对称系统抽样

这种方法是在总体的第一段随机选取第 f 个单位作为样本，然后在第二段抽取第 $2k-f+1$（k 表示总体分成 k 段）的单位，第三段抽取第 $2k+f$ 的单位，第四段抽取第 $4k-f+1$ 的单位……，按照此类方法依次交替对称进行。简单来说，就是在总体奇数段抽取 $nk+f$ 单位（其中，$n=0,2,4,6，……$）；在总体偶数段抽取 $nk-f+1$ 单位（其中，$n=2,4,6，……$）。

这种抽样方法可以使得样本不会出现偏向问题，可以抵消或避免抽样中的系统误差。

（4）循环系统抽样

当 M 为有限的总体而且不能被 N（抽样个数）整除时，换句话说就是抽样间隔不是一个整数时，可以将所有的样本按照一定的次序排成首尾相接的循环形状，用 M/N 确定抽样间隔 k（k 可以取最接近的整数），然后从第一段中抽取一个单位作为随机起点，再每隔 k 个单位后抽取一个单位，直至抽满为止。

通过对以上 4 种抽样方法的学习，能够帮助数据分析师在日后的数据收集中掌握正确的抽样方法，收集具有代表意义的数据。

3.4 收集数据常见问题

数据分析师在收集数据时，最容易进入不知从何处开始、收集过多的无效数据、收集的数据不全面三个误区。这三个误区会导致数据分析师收集的数据不够准确，影响后续的数据分析环节。

3.4.1 不知从何处开始

在大数据技术时代，数据分析发挥着巨大的作用。离开数据分析，企业无法给予用户最好的体验。数据分析师分析数据的目的就是提升企业业务水平，因此分析所用的数据也都来自企业真实业务。

某企业安排入职没多久的数据分析师小张做一项人力资源数据分析。小张虽然知道一些数据分析的基础知识，但是真正工作时不知道该如何下手。于是小张硬着头皮向人力资源部要了一些相关数据就开始分析了。

小张将报告交给领导后，领导非常生气，因为他分析的结果与企业的实际情况根本不相符。领导只好找其他的数据分析师重新分析，时间非常紧迫。

小张很是愧疚，找到了企业资深数据分析师小王，问这项工作究竟应该怎么做。小王说："在开始分析数据前，你知道领导为什么要这项数据吗？当你对这项工作还有很多疑惑的时候，你问了吗？"小张哑口无言。小王接下来将这项工作的详细流程向小张说明之后，再遇到类似问题，小张便能从容应对了。之后在类似项目上，小张再也没有出过差错，报告也得到了领导的认可。

数据分析师在面对分析任务的时候，往往会不知道如何下手。这时可以通过明确数据收集方向和明确数据来源两个方面开展数据收集工作。

1. 明确数据收集方向

有些数据分析师在收集数据之前对其知之甚少，由于这项工作是领导安排的任务，不了解任务目标当然会无从下手。因此在收集数据之前，数据分析师一定要了解此次分析的目的。

例如，前面例子中提到的小张，他要分析人力资源的数据。但人力资源处有人员、考勤和薪酬等多方面的数据，数据分析师需要清楚地知道需要收集哪方面的信息。如果领导想要知道企业员工本月的出勤情况，那么应该从人力资源部调出该企业的考勤数据。只有在收集数据前明确收集原因，才能明确收集方向，收集有效数据。

2. 明确数据来源

数据收集有多种方式，在收集数据之前，数据分析师需要考虑采用什么方法收集数据才能使所收集的数据更加准确、更加全面。例如，分析企业的经营状况时，数据分析师可以从净利润、利润率、成本三个方面判断企业的经营情况，因此收集数据时数据分析师只需要从企业销售部收集相关数据，然后再进行整理分析。

数据收集是进行数据分析、挖掘工作的第一步。数据收集的准确性决定了数据分析师的分析报告是否具有使用价值。只有当数据收集具有科学、严密、客观的逻辑性时，才能得出具有现实价值意义的结论。

3.4.2 收集过多的无效数据

数据分析师在进行数据收集时，如果收集了过多的无效数据，可能导致接下来的数据分析环节无法得到相关结果。因此数据分析师在收集数据时一定要有针对性，要针对问题开展数据收集工作。

小赵在一家零售企业工作。有次他要做客户满意度相关的数据分析，在收集数据时，他收集了企业的各项产品零售数据，想从这些数据中分析出用户对产品的满意度。可他在分析了这些数据之后，却根本看不出用户的满意度情况。这令小赵很疑惑，数据都是真实的，却分析不出结果，于是小张去咨询了企业的另一位数据分析师老钱。

老钱认真审核了小赵收集的数据，发现这些数据根本无法体现用户满意度。他和小赵说："你这些数据根本看不出用户满意度。仔细想一下，了解用户满意度都应该收集哪些数据？对用户满意度的数据收集，一般都需要进行问卷调查，你缺少的数据太多啦。"

根据老钱的建议，小赵调整了思路，针对企业产品设计了一份调查问卷，发送至每位用户的邮箱，筛选出了有效数据做数据分析。这次的数据分析结果能够很清晰地看出用户对企业产品的满意度。

不管做哪方面的分析，数据分析师都一定要针对问题来收集数据，这样才能避免收集过多的无效数据，才不会影响最终的分析结果。

3.4.3 收集的数据不全面

数据分析师小李在一家服装企业任职。他在进行数据分析时，常常出现数据收集不全面的现象，导致他最终的分析结论不够真实，总是被领导批评。

例如，领导要求他对各个服装品牌种类的销售情况进行数据分析。小李在收集数据时调取了企业近三年的销售数据，同时也对企业每个品牌的销量都进行了整理。但是小李把数据分析报告交给领导之后，领导却十分生气，并命令小李三天之内重新交一份数据分析报告。小李很疑惑，明明自己已经尽了最大努力，怎么还是受到了批评。他硬着头皮问领导究竟哪里有问题，领导没有直接回答，而是带着他去了实体店。

小李疑惑地看了很久，终于，柜台来了一位退衣服的顾客，不久，又来了一位退衬衫的顾客。领导问小李："这些人的数据你统计了吗？"

小李很尴尬，自己确实没有统计这部分。领导又说："服装企业经常会遇到顾客因为尺寸不合适或者其他情况而导致的退货、换货情况，还有一些因服装质量出现问题赔偿顾客的情况，还有因产品过季造成的库存积压等，这些都需要进行数据的统计与分析。你收集的数据不够全面，导致分析结论没有多少参考价值。"

听完领导的解释，小李醍醐灌顶，他立刻重新规划，将企业退货的数据、企业赔偿的产品数据和仓库积压库存数据都进行了统计分析，并仔细询问一线员工是否还有遗漏，得到了第二次数据分析报告。领导阅读了这次的数据分析报告，夸赞了小李。

收集的数据不全面会使数据分析结果出现偏差，从而导致管理层的决策出现失误，企业将会因此蒙受巨大损失。因此收集数据要做到如下两点，就可以保证数据收集的全面性。

1. 要有全局性思维

数据分析师在数据分析时要有全局性思维，不能只从单一方面考虑。例如，分析企业的销售情况，就要站在决策者的角度，收集全流程的销售环节的数据。如果企业有竞争对手，还要对竞争对手的销售状况进行分析，只有这样才能得到较为全面的数据。

2. 要从多个途径收集数据

多渠道数据收集能够有效避免单一渠道数据收集带来的信息不全面的问题。例如，在上面小李的例子中，销售情况分析不单指企业的销售额，商品退货、库存等都是小李需要收集的数据。多途径的数据收集能够保证数据分析师收集的数据更全面。

第 **4** 章

整理数据：将一手资料变为规范数据

数据整理是根据数据分析的目的将数据整理归类的过程。数据分析师需要选择合适的数据整理的方法，对拥有的数据用检查、审核、分类、汇总等手段进行初步加工，使这些数据系统化、条理化，并用简单明了的方式叙述调查对象的总体情况。

数据整理不仅是数据分析流程的一部分，而且是对企业和市场现状认识深化的过程，是提高数据分析准确性和解决方案实用性的必要步骤，是对企业现有数据进行梳理汇总的客观要求。因此，数据分析师要扎实掌握整理数据的方法。

4.1 整理数据的两大原则

数据分析师在处理数据时遇到问题，解决起来往往需要耗费大量时间、人力与物力。要想省时省力并且从根本上解决数据处理过程中存在的问题，需要做好数据整理工作。数据整理遵循的两大原则是要做好选择性输入和程式化输出。

4.1.1 选择性输入

数据分析师在制作用户输入表格时要最大限度地精确用户输入值，当出现格式错误或输入内容不在规定范围时，直接以报错的方式提醒用户重新输入。这些措施对用户数据输入能起到很好的规范作用，确保用户输入内容属于有效内容。

例如，在某网站购买一双鞋时，鞋子的颜色、尺码都可以通过选择将信息传递给商家；填写地址时省、市、区、街道不是输入的，而都是通过选择完成的。通过用户所选择的地址，快递企业可以更快、更精准地将物品送到用户所在街道地址，提升了效率。用户在支付时的支付方式也可以通过选择完成。

数据分析师在设计录入表单时尽量细致化，多选择，少输入。通过约束用户输入能够最大限度地保证后台处理数据的快速便捷。同时减少了用户输入时间，给用户带来更好的购物体验。

4.1.2 程式化输出

同指标在各项报表里应做到同表述。如果每张报表中的表述都不一样，那么会造成不必要的浪费。而程式化输出能对输出的口径进行规范，统一项目表述。

企业会将人力资源数据、销售数据、管理数据等统一在数据库中备案，在需要数据进行分析比对的时候，可以从数据库直接调出，更加简洁直观地为数据分析师提供参考数据。以部分 iPhone 手机性能及价格表为例，如图 4-1 所示。

图 4-1 部分 iPhone 手机性能及价格表

上图列举了部分 iPhone 手机的性能及购买价格，用户可以从中直接获取想要的信息。如果用户想以 3000 元左右的价格购买一部 iPhone 手机，就可以选择 iPhone SE；如果用户需要"激光雷达扫描仪"功能，可以选择购买 iPhone 12 Pro。这张数据图能够提供一个程式化的 iPhone 手机数据，方便用户进行对比，帮助用户快速准确地得到结论。

通过对相同指标的不同数据进行分析，能够更好地把握产品的核心优势，从而利用不同的核心优势满足用户不同的需求。

4.2 四种数据整理方法

数据整理是数据分析的基础，数据分析师的日常工作就是和数据打交道。因此，数据分析师只有将数据价值最大化，才能更充分地利用数据。熟练掌握如下四种数据分析方法，能够最大限度地帮助数据分析师分析数据。

4.2.1 时间分配处理法

按照时间分配方式进行区分，数据处理分为批处理、分时处理和实时处理三种方式。

1. 批处理

批处理就是对某些数据进行批量处理，通常被认为是一种简化的程序，它常用于 DOS 和 Windows 系统中。目前比较常见的批处理方法有两种：DOS 批处理和 PS 批处理。PS 批处理是指图片编辑软件 Photoshop 中的用于批量处理图片的程序；而 DOS 批处理则是能够自动地执行批量 DOS 命令以实现特定操作的程序。

当然，也有许多人认为批处理的含义比上述更为广泛，包括众多软件自带的批语言处理功能。例如，Microsoft Office、Adobe Photoshop 等软件内自带的批处理语言的功能，用户可通过这些软件执行批量处理。

2. 分时处理

分时处理是指多个用户在规定的某个时间段通过一个数据处理系统进行数据处理的方式。在早期的数据系统中，计算机只能为某个用户提供服务，这个时候的批处理虽能有效地利用机器，但将用户数据提交给系统后，不能对数据进行控制和修改，而且通常要经过几个小时才能得到结果。

为了解决这个问题，让用户能够通过自己的终端直接享用整个计算机的资源，分时处理的思想产生了。分时处理系统是一个计算机系统，它包括许多独立的联机终端设备，每个终端都能够访问中央处理机。中央处理机则规定某个时间段内，和其他的终端共同完成某些数据的处理。

3. 实时处理

实时处理也被称为即时运算，是计算机领域中对受到"即时约束"的计算机硬件与计算机软件系统的研究。它是指在非常短的时间内，完成数据输入到系统处理之间的一系列步骤。

通常情况下，实时处理的时间以毫秒为单位，有时也以微秒为单位。相较之下，非即时系统难以对处理时间进行限制。如汽车防抱死系统就是采用实时处理，这样能够在有限的时间内释放避免车轮锁死，确保刹车等动作。

4.2.2 精简分布处理法

按照精简分布方式进行区分，数据处理分为分布式处理和并行处理。这两种方式实质上是提高数据处理速度而采用的两种不同架构。

1. 分布式处理

分布式处理是将不同地点、不同功能、不同数据的多台计算机通过网络连接起来，在控制系统的管理下，协调完成大规模数据处理的工作。简单来说，分布式处理就是让多台连接的计算机共同完成某个任务。

分布式处理系统利用网络技术将众多的小型计算机连接成一台具有高性能的大型计算机，赋予其解决复杂问题的能力，它包含硬件、控制系统、输入系统、数据、应用程序和用户六个要素。

2. 并行处理

并行处理是指计算机系统能同时处理两个或两个以上的数据。并行处理的主要目的是缩短大型、复杂问题的解决时间。想要实现并行处理，还需要对程序进行并行化处理，将任务中的各部分工作分配到不同处理路线中。由于数据之间存在相互关联的问题，计算机不能自动实现并行化处理。

在并行处理中所使用的算法主要遵循以下三种原则：

（1）分而治之法。将多个任务分解到多个计算机中，再按照一定的结构来进行求解。

（2）重新排序法。采用静态或动态的指令词进行调度。

（3）显隐性结合。使用并行语言与串行语言结合的方式，编译出并行程序。

从某种意义上讲，分布式处理也可以视为并行处理，两者皆能加快计算机处理数据的效率，缩短解决问题的时间。

4.2.3 设备结构处理法

依据设备的结构方式区分，数据处理分为脱机处理和联机处理两种方式。

1. 脱机处理

脱机处理是指在主机以外的设备上进行数据处理。常用于在主机功能较差的情况下，利用外部设备提升数据处理的效率。

脱机处理时，外部设备上的数据处理时间较长。因为当外部设备上需要录入数据时，主机并不会立刻处理，而是将这些数据放到外部设备的储存区中，一旦储存区满了，主机才会开始加工处理。

对数据输出的处理也是如此，主机需要输出处理结果时，它会先把输出结果放入外部设备的储存区中，然后通过外部设备慢慢地进行数据输出处理，在这个过程中，主机继续对其他的数据进行加工处理，当储存区的数据输出完成以后，主机会将下一批的数据存入缓冲区中。

这使得某些数据储存工作与数据输出工作完全独立于主机进行，使得主机避免了输入输出工作的约束，提高了设备的利用率。不过这需要数据分析师从旁干预，所以这种方式只适用于批量处理。

脱机处理方式的不足之处是灵活性较差。例如，在一批数据处理期间，出现一个新的数据，即使这是十分重要的任务且花费时间很少，系统也不能对该数据进行处理，只能将其放在下一批数据之中处理，直到当前一批数据处理完成以后再做处理，因而灵活性较差。

2. 联机处理

数据从产生之初就输入系统之中，而处理的结果则发送到需要信息的地方。联机处理分为实时处理与延迟处理。前者可以立即对输入的数据进行加工处理；后者是将数据储存起来，过一段时间后再进行处理。联机处理按照功能可分为查询处理、分发处理和存储转发处理三类。

（1）查询处理

用户从终端向系统提出查询要求，系统依据用户要求进行数据处理，并将结果传回同一终端。

（2）分发处理

系统从产生数据的终端采集数据，通过验证后将数据储存起来，并进行加工，最后将需要的数据分发给指定的终端。

（3）存储转发处理

用户通过系统将数据转发给一个或多个终端，能够避免由于转发时的故障而丢失数据的问题。因为数据储存在系统之中，转发给其他终端后也不会丢失，这种方式在商业销售、库存管理等系统中广泛应用。

采用联机处理的方式能够及时发现输入数据的错误，并及时进行更正。如果是选择从系统中读取数据，则可以采用脱机处理的方式。

4.2.4 中央处理器处理法

按照计算机中央处理器工作方式进行区分，数据处理分为单道式处理方式、多道式处理方式和交互式处理方式，如图 4-2 所示。

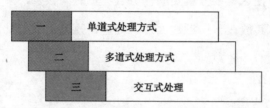

图 4-2　按照计算机中央处理器工作方式划分的三种数据处理模式

1. 单道式处理方式

单道式处理方式是指在数据处理系统中，当只有一个任务在执行的时候，系统的所有资源都被这个任务独占，其他任务必须等此任务完成以后才能继续执行，这就造成了单道式处理方式效率偏低的问题。

单道式处理方式常用的算法有三种：

（1）排序服务调度算法。按任务的先后顺序进行调度，这种方法优先考虑在系统中排队时间最长的任务，而不考虑这个任务运行时间的长短。

（2）最短任务优先调度算法。以运行时间作为判断标准，优先考虑将运行时间最短的任务作为下一次运行的对象，而不考虑它在系统中等待时间的长短。这种算法适用于大多数工作任务运行时间较短的企业，虽然可能对某些运行时间长的任务有些不公平，但这种调度算法能使多数用户满意。

（3）响应比优先调度算法。响应比的定义是响应时间为任务进入系统后的等待时间加上估计的运行时间。一个任务的响应比随着等待时间的增加而变大，只要等待时间达到一定的程度就有可能成为响应比最高的任务，从而获得运行的机会。这种算法属于上面两种调度算法的折中，但运行较为复杂。

2. 多道式处理方式

多道式处理方式是指在一定的时间间隔内，几个任务同时在数据处理系统中进行，共同分享数据处理系统资源的处理方式。它的提出是为了克服单道式处理方式中利用率较低的缺点。

多道式处理可以同时存储多个任务，当一个任务因等待外部传输而不能继续进行下去时，中央处理系统马上可以执行另一个任务。若第二个任务又因某些原因不能继续执行时，中央处理系统便执行第三个任务。如此循环往复，直至第一个任务外部传输完毕后再继续执行第一个任务。

从某个时间段来看，各个任务都已开始执行，但都没有执行完毕，它们交替地、串行地使用中央处理系统。各道任务的最终完成并不按它们开始的次序。但是系统的资源毕竟是有限的，每道任务需要资源的数量各不相同，因此多道任务的调度会根据每个任务的不同资源进行调整。

（1）先来先服务。按任务录入顺序建立一个队列，由调度程序从队列中找出现有资源能满足的任务，将它插入现行队列等待执行。

（2）按优先规则调度。系统挑选的任务按照优先的规则执行，具体的优先规则可由用户自行规定。如先挑选的任务缴纳更多的费用；也可由系统决定，如任务的等待时间、运行时间等。

（3）均衡调度。将任务按其本身的特性进行划分。如 A 类是输入输出费时的任务，B 类是输入输出省时的任务，C 类为运算费时的任务。调度程序就会轮流地从这些不同类型的任务中挑选运行任务，使资源得到均衡的利用。

采用多道任务合理搭配的方式可以提高资源的利用率，增强系统的数据处理能力。但是多道任务处理时会出现一些特别需要注意的问题。例如，两个或两个以上的任务因竞争系统资源出现无休止等待的状况，这种情况称为"死锁"。"死锁"对系统具有一定的危害，因此在系统设计时需要设计预防措施。

3. 交互式处理

交互式处理是指操作人员与系统之间存在交互作用的数据处理方式。操作人员通过终端设备输入数据和指令，系统接收后立刻进行处理，并将数据处理结果传递到终端设备上。操作人员根据结果进行下一步操作。

操作人员通过与系统之间的"一问一答"，直至获得最终结果。这种方式，使得数据操作人员能够边输入、边调整、边修改，及时改正错误，补充不足之处。对非专业的操作人员来说，系统能够及时提供引导信息，帮助操作者完成所需操作，直至得出结果。这种方式具有灵活、便于控制等优点，因而被越来越多的数据处理系统所采用。

一个交互式系统通常需要解决三个问题。第一，数据需要以会话方式输入；第二，存储在计算机中的数据文件能够及时修改和处理；第三，处理的结果能够立刻使用。具备这三个条件就能保证交互进行下去。

交互式处理也存在一定的缺陷。例如，当操作人员的操作速度较慢、计算机的处理速度较慢或系统只允许单道任务处理时，计算机的效率会大大降低。因此，一般情况下，交互式处理需要结合多道式处理方式，在等待操作人员操作的过程中，计算机可以处理其他的任务。

另外，交互式处理还可以结合分时处理方式。当两个或两个以上的用户同时与一台计算机进行人机交互时，计算机可以将资源循环分配给每个用户。交互式处理也可以结合批处理方式，当操作员进行操作时，计算机可以进行批处理的任务。

4.3 不规范数据整理

不规范数据是因数据重复录入、共同处理等不规范操作而产生的混乱、无效的数据。这些数据不仅无法为企业带来价值，还会占据存储空间，浪费企业资源。

不规范数据是需要及时处理清除的数据。下面列举几种不规范数据的种类及整理方法。

4.3.1 不规范数据界定

在录入新数据时，对原有数据库进行搜索这个步骤是很重要的。这个步骤能查看原有数据库是否存在相同数据。有时由于数据分析师疏忽，在录入数据时跳过了搜索这个步骤，导致数据出现了重复录入。数据重复率越高，数据库的负担就越重，甚至有可能导致数据的导出出现问题，企业的数据库就失去了其原有价值，因此处理不规范数据非常重要，并且应该尽早处理。不规范数据分为四类。

1. 缺失数据

系统问题和人为原因都可能导致数据缺失，当企业的数据库出现了数据缺失的情况，在进行数据分析时要进行补值，或者将空值提前排除，以保证数据分析结果是准确的。

但是排除空值会导致样本总量减少，这时也要进行补值，补值采用的是平均数或比例随机数等。如果数据库中还有缺失数据的历史记录，可以将其再次引入；若数据库中没有相关的历史记录，就只能通过补值或者减少样本总量来解决。

2. 重复数据

数据重复出现只需要去除重复的部分即可。但有时数据会有不完全重复的现象。如某餐饮企业的数据库中有两个会员，住址和生日是相同的，但姓名却不同。这种数据也属于重复数据，但处理起来比较麻烦，如果数据库历史记录中有时间、日期，可以以此为判断标准进行修改。但如果数据库中没有与此相关的历史记录，那么数据分析师就只能通过人工筛选。

3. 错误数据

数据没有按照规定记录就有可能产生错误数据。数据出现错误的情况很复杂。

例如，异常值的出现，某企业规定，每种产品为防止积压，最多生产 500 个，而库存数据统计中却出现了 700 这个数值。例如，格式错误的出现，将日期录入成文字格式。例如，数据不统一问题的出现，关于"计算机"的记录有"电脑""计算机"和"台式机"等多种名称。

对于异常值，可以通过限定区间的方法进行排除；对于格式错误，可以通过系统内部逻辑结构进行查找排除；对于数据不统一，就无法通过数据库解决，因为这些表述都是正确的，因此数据分析师平时在数据的整理中，要及时发现相同关键词并加以关联。例如，在数据库中把"电脑""计算机"和"台式机"这三个词语相关联，通过对其中任何一个词语的搜索也可以匹配到另一个名称上。

4. 不可用数据

不可用数据虽然正确但是无法使用。例如，"上海浦东新区"中，设置数据整理关键词为"区"时，需要将"浦东"两个字单独提取出来。这种情况只能利用上文提到的关联法，将关键词匹配起来。但是，这种方法不能完全识别数据库中所有关键词，依旧需要数据分析师手动操作，细心归类。

4.3.2 整理不规范数据的方法

小罗在给某个客户制作一张涉及陆运和海运两项内容的数据单时，让 A 帮忙录入海运数据，让 B 帮忙录入陆运数据。但是某一天，AB 两人同时打开了同一张数据单，并录入数据保存。这就导致有一个人的数据被覆盖，出现了不规范数据。

应对可能出现的不规范数据，数据分析师在录入数据时要注意三点。

1. 结构化

样本量过于庞大时，需要耗费巨大的人力物力，才能对数据进行准确的计算，而且得出的结论出现错误的概率也很高。因此需要对数据进行"瘦身"，将其变化为更加易于分析的结构，尽可能提高数据分析准确率。

2. 规范化

通过对数据录入整理等全流程的规范化，使数据库中的不规范数据出现的概率无限降低，并及时筛除。

3. 关联化

不规范数据不全是错误数据，有些数据只是名称不同，因此可以通过将其关联起来的方法，快速定位不规范数据，并予以清除。

清除已经产生的不规范数据的同时，要加强对不规范数据的防御工作。对不规范数据的产生，要寻根问底，找到最终原因，防止在接下来的工作中因为这个潜在问题出现更多的不规范数据，妨碍数据分析师的工作。

第 5 章

分析数据：数据分析师的核心工作

通过数据的收集加工，一大批杂乱无章的数据已经被分门别类归置妥当。数据分析师需要从其中找出内在规律，从而帮助企业决策者做出判断，以便采取适当的行动。在产品的整个寿命周期，从市场调研到售后服务等各个过程都需要适当运用数据分析，提高企业产品质量和服务的有效性。

5.1 哪些数据需要分析

数据分析可以帮助企业开源节流，让企业朝着正确的方向不断发展。数据分析是严谨、科学的，所呈现出来的结果是客观、真实的，因此企业应将业务流程中涉及的财务数据、仓储数据、营销数据和人员数据都进行整理分析，帮助企业实现持续盈利。

5.1.1　财务数据

财务数据分为两类，一类是财务总账，另一类是报表数据。财务总账是指企业经营财务信息整体核算后得出的汇总账户信息，财务总账包括资产负债表、损益表、现金流量表。报表数据是指根据需求的不同对上述数据进行分析的数据。例如，企业的责任考核数据、财务管理数据、决策分析数据等。

通过对两大类财务数据的分析能够为企业提供决策上的保障，为企业投资者、经营者及其他想要了解企业的组织和个人提供依据。从财务数据分析的服务对象看，数据分析师进行财务数据分析主要有以下几个目的，如图 5-1 所示。

图 5-1　数据分析的主要目的

1. 为企业投资人提供财务分析

财务数据的分析能够帮助企业投资人了解企业的盈利状况、企业的支付能力及营运状况。只有这些数据良好，或者达到投资人的期望值，企业的投资者才会继续投资，一些潜在的企业投资者也会将资金投入企业之中。

2. 为企业债权人提供财务分析

企业债权人是指为企业提供贷款的银行、金融机构，以及购买企业股票的个人等。债权人进行财务分析的目的与投资人不同，其目的是看清对该企业的贷款能否及时收回，此外还要确认企业的收益状况与风险程度是否匹配。

3. 为企业经营者提供财务分析

为企业经营者提供财务数据分析的作用是多方面的。对企业所有人而言，通过财务分析，他们不仅能清楚知道盈利结果，还能清楚了解盈利的原因及过程。如营运状况与效率分析、支付能力等。同时，企业经营管理人能够通过财务分析，对企业的各个部门工作效率进行考核，为管理决策提供依据。如图 5-2 所示为业务数据分析。

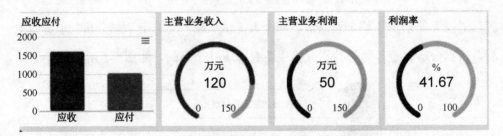

图 5-2　业务数据分析

4. 为其他主体提供财务分析

其他主体是指与企业经营有关的国家行政管理和监督部门。通过对企业的支付能力、盈利能力等进行评价，国家行政管理和监督部门能够全面评估企业的信用与财务状况，监督企业是否及时纳税，有无偷税漏税等。这些部门主要是指工商、税务、审计等部门。

财务数据的分析不仅能够反映企业的现状，更能为企业未来财务决策和财务预算指明方向，为企业预防财务危机提供必要信息。因此，财务数据的分析是企业进行价值评估的基础，是揭示企业价值的工具。

5.1.2　仓储数据

仓储数据实际是指在库存管理过程中出现的各类数据。如库存数量、库存材料种类、库存金额等，通过对库存的分析，实现库存的合理配置，能够在保证正常材料供应的同时，减少库存量。因此，这些数据的合理化运用对提高企业的管理水平，降低企业的经营成本具有重要作用。

现代企业中，数据分析师对仓储数据的分析都是通过 ERP 管理系统（覆盖客户、项目、库存、采购、供应等工作，通过对企业资源的优化达到资源利用最大化）来完成的。ERP 系统能够有效减少企业的库存数量，提高库存的周转率。其益处主要有以下三点。

1. 帮助企业及时处理滞留物

在传统的企业仓库的管理过程中，常常容易出现这样的问题：由于产品更新换代等原因，某些原材料被遗忘在角落里，一年甚至好几年都没人发现。直到盘点库存的时候，才发现这些原材料，但为时已晚，原材料不是过期不能使用，就是市场价值下跌。

而在 ERP 系统中，可以随时查询一个月、一个季度、一年内库存没有变化的原材料。假如采用批号管理，还可以查询采购期超过一年或者半年还未使用的原材料，帮助企业及时发现并处理这些滞留物，减少企业损失。

2. 提高库存使用率

在分析库存原材料的时候，如果仅从数量上分析，并不能较为全面地反映库存成本。这是因为不同的原材料价格不同，带来的库存价值也是不同的。所以，想要提高库存的使用率，就必须学会分析原材料的价值情况。

在 ERP 系统中，这个情况就得到了极大改善。当库存结账时，数据分析师马上在 ERP 系统中调出当月的原材料报表。根据这份报表，就可以清楚知道哪些原材料价格较高，在后续采购决策和库存管理中，对这些价值较高的原材料进行特殊管理，提高库存的使用率。

3. 降低库存成本

在一些企业中，淡旺季的区分比较明显。例如，某一家企业的旺季为 8 月到 11 月，其余的时间都是淡季。在 ERP 系统没有出现以前，大多数企业都是根据销售单价确定淡旺季的，单价高，说明是旺季；单价低，说明是淡季。这就出现每次到达旺季时，资金短缺的情况。

而 ERP 系统能够分析前几年的库存资金情况，推算出库存资金占用较大的几个月份，预留好相关资金。同时，ERP 系统能够根据往年的数据，推算出哪些原材料是历年来都需采购的，以此提醒企业提早采购，从而降低采购成本。如旺季采购的原材料可能会在原来的基础上涨幅 10%左右，而提前采购则能避免此类情况发生。

5.1.3 营销数据

如今，近乎每一家企业都竭力想要打造出企业自身的营销信息库，推动企业的发展。在这个过程中，企业管理层必定会面对一个难题，也就是如何确保收集的营销信息有价值。为了解决这个问题，数据分析师在对营销数据进行分析的时候需要从以下五步着手：

（1）与客户进行沟通，了解基本信息，获取客户的真实需求。

（2）依据行业特性，明确需要收集的销售数据维度。

（3）对客户的数据进行广泛地搜集和细致化地整理，构建相似客户群体。

（4）以相似客户群体为基础，从价格、渠道等多个方面对数据进行挖掘，形成分析结论和总结性图表。

（5）依据数据分析得到的结论与问题，形成可视化的数据分析报告。

完成以上五步的过程并不轻松，很多时候还需要借助数据分析模型，下面介绍营销数据分析中最常见的三种模型。

1. 差异性分析

差异性分析的核心是将性质相似的数据归到一类，将性质不相似的数据分开。某差异化分析图如图 5-3 所示。图中 2014 年、2015 年、2016 年的每月产品销售收入属于相似性质的数据；2014 年、2015 年、2016 年销售月度成交量属于相似性质的数据，所以先分开这两组数据，再对比分析。

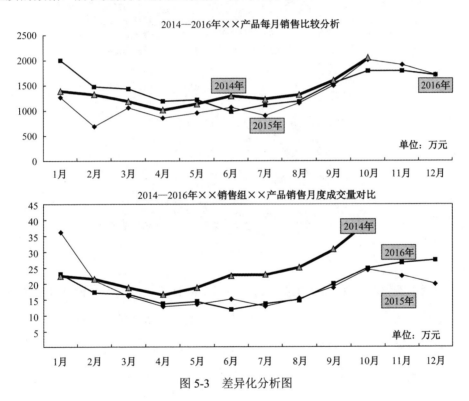

图 5-3 差异化分析图

差异化分析的目的在于通过数据的图像化呈现，明确找到变化的差异点，追根溯源，提出建设性意见。

2. 特征性分析

根据需要将数据按照某种特征分成不同组数，并按一定顺序排列数据，以便在浏览数据时更容易发现一些特征趋势与解决的线索，如图 5-4 和图 5-5 所示。

2016年四个行业的同一产品成交购买次数			
观测值（月）	行业		
	零售业（个）	旅游业（个）	航空公司（个）	家电制造业（个）
1	57	68	31	44
2	66	39	49	51
3	49	29	21	65
4	40	45	34	77
5	34	56	40	58
6	53	51		
7	44			

图 5-4　2016 年四个行业的同一产品成交购买次数

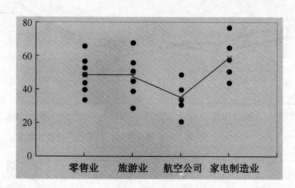

图 5-5　散点分布图

根据上图数据，数据分析师可以判断出不同行业对同一产品的成交有影响。做出这种判断的依据为四个行业的同一产品购买成交次数的均值并不相等。假如它们的均值相等，就意味着"行业"这个因素对产品销售是没有影响的；假如均值不全相等，则意味着"行业"对产品销售是有影响的，这里面，行业属性成为要分析的因素。

除此以外，还可以得出一个结论：即使是同一个行业，在不同时间成交的次数也不同。做出这种判断的依据为散点分布图中四个行业的成交次数点并不相同。

当然，仅根据图 5-4 和图 5-5 的数据证明不同行业对同一产品的成交有影响是不具备普遍性的，因为有可能这是数据的随机性造成的结果，也可能是企业的自身背景造成的，这时就需要以更加专业的统计学方法进行分析。如前面提到的方差，这里由于篇幅有限，就不过多展开讨论。

3. 回归分析

在市场营销的过程中，销售额是一个因变量，而产品价格、设计成本、推广费用和政策变化等都属于自变量，因此数据分析师可以在有了一定的数据积累以后进行回归分析，确定哪些因素属于影响销售额的关键因素，哪些属于非关键因素，进而采取相应的行动解决实际问题。

回归分析的运用虽然十分广泛，但是同样也对数据分析师提出了非常高的要求，需要数据分析师具有出色的统计学分析建模能力，能对未来市场销售进行较为合理的预判。

通过上面案例可以发现，这三种数据分析的模型属于层层递进的关系。差异性分析是最低层次的数据分析，它基于对营销数据的筛选排序，分组形成图表，直观判断数据的变化趋势与差异点；特征性分析虽然有一定的要求，需要数据分析人员具备统计学基础，但并未要求达到专业性的程度，而分析得出的结果已经能够满足企业发展的需求；而最后一种推断性分析需要一定的专业知识（统计学或者概率学）才能完成分析操作。

5.1.4 人员数据

人力资源作为企业发展的基石，一直被广为关注，而想要对人力资源数据有一个充分的了解，需要对人力资源数据的关键要素、类型进行分析。

1. 关键要素

人力资源数据在数据分析中的作用，最关键的不是保证数据的"大"与"多"，而是数据的丰富性与连续性。有一些小企业可能只有十几人或者几十人，人力资源数据相对于几百人的大企业显得十分的"小"。因此，一些数据分析师觉得小企业不需要进行人力资源数据分析，实则不然。

人力资源数据的分析需要满足以下三点要素：

（1）要整体不要抽样。不可采用抽样调查的模式，而是需要收集全体数据。

（2）要相关不要因果。在分析数据时要注重数据的相关性，避免收集因果性的数据。如当 A 有 80%可能会导致 B 时，此类数据就具有相关性。

（3）要效率不要精确。数据分析师在进行数据分析时，更关注的是效率，而不是绝对精确。如平均年龄 28.1 与 28.2 并没有多大差别，这个时候就可以不需要追求绝对的精确，提高效率，减少对数据精确的执着，应用 28.1 与 28.2 都可。

对人力资源数据而言，数据分析师首先要考虑的是数据的丰富性、相关性、效率性，如此一来，就能够把握人力资源数据当中的各种关联要素。

2. 数据类型

（1）事实性数据

事实性数据可分为三个层面：个人层面、群体层面和工作层面。个人层面的数据有员工学历、年龄、性别、工作经历等。在企业中，这类数据被称为人事档案信息，这是人力资源中最基本的数据信息，如群体层面的数据有哪些员工来自同一所学校，哪些员工来自同一个地区等。

（2）动态性数据

这类数据属于变化的信息，具有动态性。如招聘业务的数据。某个企业计划招聘 50 名员工，但企业收到的简历远远不止 50 份，最终面试的人数达到 100 人，这过程中不断变化的招聘数据就属于动态性数据。

（3）整合性数据

这类数据是通过计算、分析、综合整理后得出的总结性数据。如人均效益、人均工资等。

通过对人力资源数据的关键要素与类型进行了解以后，基于以上内容，就可以对人力资源数据进行分析概括。人力资源数据分析的类型有以下三种。

第一种：对基础信息数据进行分析。包括人员数量、人才结构、人力资源配比等，这些基础信息可以反映企业人力资源现状。

第二种：对业务数据进行分析。包括员工招聘、薪酬激励、绩效考核等，此类信息可以反映企业人力资源的活力。

第三种：对效益数据进行分析。包括人工成本利润率、员工满意度等，这些信息能够反映企业的人力资源质量。

5.2 基本的数据分析方法

在利用数据分析对产品和运营进行优化的时候，需要利用多种数据分析方法。下面将介绍基础分析法和进阶分析法两种数据分析方法，但数据分析方法不是一朝一夕能够掌握的，数据分析师需要不断地在实践中得到成长。

5.2.1 基础分析法

说起小龙虾，大多数中国人都不会陌生，这个餐桌上的"新星"所拉动的产业也逐渐被人们所追捧。如养殖业、餐厅、运输业等。不过大多数的人在加入这些行业时都是因为跟风，并没有一个客观的判断，下面将使用基本分析法对2018年的小龙虾市场进行分析。

基本分析法分为宏观因素分析、价格变动趋势分析和价格变动的根本原因分析。首先从宏观角度出发，对小龙虾的宏观行情进行分析。

1. 行业行情

根据中华人民共和国农业农村部渔业渔政管理局联合全国水产技术推广总

站、中国水产学会联合发布的《中国小龙虾产业发展报告（2018）》显示：2017年小龙虾全产业链从业人员突破 500 万人，养殖面积突破 1000 万亩，产量突破 100 万吨，整体经济总产值突破 2600 亿元，较 2016 年同比增长 77%。其中，以养殖业为主的第一产业产值接近 485 亿元，以加工业为主的第二产业产值接近 200 亿元，以餐饮服务为主的第三产业产值接近 2000 亿元。这三者所占总体经济的比例分别为 18.06%、7.45%、74.49%。

通过对以上宏观数据的分析，可以得出以下两点结论：第一，小龙虾行业发展势头良好，在 2018 年是一个高速增长的行业；第二，以餐饮服务为主的第三产业属于小龙虾产业链中最为重要的一节，占据了小龙虾产业 75%左右的市场。

2. 养殖省份情况

据报告统计，2017 年养殖小龙虾的地区有 19 个，它们分别为湖北、安徽、湖南、江苏、江西、河南、四川、山东、浙江、重庆、云南、广东、广西、福建、贵州、上海、宁夏、新疆、河北。

其中湖北省达到 63.16 万吨，安徽省达到 13.77 万吨，湖南省达到 13.57 万吨，江苏省达到 11.54 万吨，江西省达到 7.44 万吨。图 5-6 所示是以上五省 2012—2016 年的小龙虾产量增长情况。

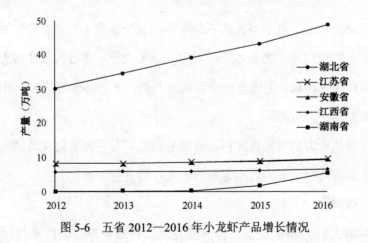

图 5-6　五省 2012—2016 年小龙虾产品增长情况

通过对养殖情况的宏观数据进行分析，可以看出湖北省已经成为小龙虾养殖行业的第一大省，并且养殖规模增长迅速。湖南省的养殖规模增长速度也较为可观，因此如果想要开辟市场，可以主要从这两大省份入手。

3. 养殖模式

小龙虾的养殖模式分为三种：稻田养殖、池塘养殖和混合养殖。2017 年，小龙虾稻田养殖面积达到 850 万亩，占小龙虾整体养殖面积的 70.83%；池塘养殖面积达到 200 万亩，占小龙虾整体养殖面积的 16.67%；混合养殖达到 150 万亩，占小龙虾整体养殖面积的 12.50%。整体水平较 2016 年增加了 7.54 个百分点，如图 5-7 所示。

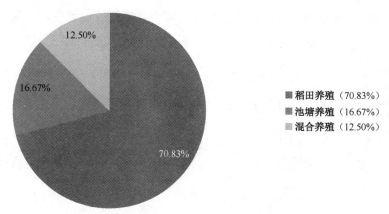

图 5-7　2017 年全国小龙虾各养殖模式占整体养殖面积的比例情况

这三种养殖模式的具体实施过程如下。

稻田养殖模式简单来说就是种一季水稻，养一季小龙虾。每年 8 到 9 月份收割水稻前投放亲虾（可以繁殖后代的雄虾和雌虾），也可以在 10 到 11 月水稻收割后投放幼虾，在第二年的 4 到 5 月份收获，6 月整田插秧，之后接着种植一季水稻，循环轮替。此模式下，一亩地可产小龙虾 50～100 公斤左右、产水稻 500～600 公斤左右，利润达到 2000～3000 元/每亩。

池塘养殖模式通过池底开挖环沟、种植水草、饲料投喂、水质调控等关键技术，构建了一个健全的池塘生态养殖系统，水草覆盖率达到40%～70%。一般情况下，这种模式下的小龙虾亩产达到150～300公斤左右，利润达到3000元/每亩左右。

混合养殖模式与池塘养殖模式类似，都是通过构建池塘生态养殖系统的方式实现小龙虾的量产。不同的是混合养殖模式可以增加投放河蟹，额外增加了河蟹的产量，并且增加了40～60公斤的小龙虾产量。因此这类养殖模式收益最高，一般可达4000元/每亩。

通过对以上宏观数据的分析，可以看出目前国内的养殖模式依然以稻田模式为主，但混合养殖模式的收益却是最高的。

对宏观因素总结分析，可以得出目前我国小龙虾行业前景良好，且湖北、湖南两省增长迅速，养殖模式适宜推行混合养殖模式的结论。

接下来对价格变动趋势进行分析。2017年是小龙虾产业发展行情最好的一年，这一年的价格达到了每斤16元，相较于往年提高了将近百分之五十，产量也有较大提升。

从一般的市场规律来看，在刚上市的时候，货源稀缺，小龙虾价格较高，如3～4月份；而到了小龙虾集中出售的5～6月份，价格会出现一定的下滑；到了8～9月份小龙虾已经基本出售完毕的时候，价格会再次上涨。

在武汉、天津、南京、上海、杭州、北京等大中型城市，小龙虾一年的消耗量在数万吨以上。这些消费需求为小龙虾养殖业、运输业、餐饮服务业的发展提供了广阔的发展空间。

最后，对小龙虾价格变动的根本原因进行分析。主要有以下三方面原因。

1. 养殖规模增速小于消费市场增速

2017年，小龙虾养殖规模相较于2016年增长了30%左右，而小龙虾消费市场产值同比去年增长77%，市场的需求大于养殖规模的结果就会造成产品溢价，最终使得 2017 年小龙虾的价格飞速上涨。

据相关数据显示，2018 年我国小龙虾产业呈现加速增长态势，养殖产量和养殖面积大幅增长，同比增长 37.5%。从养殖产量来看，2018 年，全国小龙虾产量涨幅达到历年最高，为 45.1%。

2. 外来资本进入小龙虾市场

"热辣生活"与"麻小外卖"品牌在 2016 年 9 月得到数千万元的融资；周黑鸭在 2017 年 5 月推出聚一虾品牌，宣告进入小龙虾市场；肯德基的十三鲜小龙虾烤鸡堡与小龙虾卷（如图 5-8 所示）在 2017 年 12 月 29 日正式上架。这些外来资本看重小龙虾"社交属性"中的个性化、休闲式文化，因此纷纷涌入，带动了小龙虾高端产品的增长，这必将促进成品虾市场的进一步成熟。

图 5-8　肯德基推出的十三鲜小龙虾烤鸡堡与小龙虾卷

信变记 CEO 李剑分析："餐饮巨头将小龙虾当成了新兴的引流工具，并且预估小龙虾会成为人们日常生活中最重要的消费方式之一。而随着上游产业的整合，小龙虾有可能出现全国品牌。"

3. 新零售电商的加入

各大电商巨头并不甘心落后在餐饮巨头后面，纷纷高调宣布进军小龙虾产业。天猫生鲜在 2016 年成功打造线上小龙虾节；2017 年天猫生鲜建立了全国首家天猫小龙虾馆，三天之内 12 万份小龙全部销售完毕。

此外，口碑网与信良记达成合作，在北上广深整合产业链，推广秒杀活动；2017 年每日优鲜的品牌"爆料麻小"共计销售 1600 万只小龙虾。

各大电商巨头纷纷入局的原因主要是由于其不需要门店与租金，只需要负担运输费用，就可获得高达 40%的利润。

以上的三个原因就是造成小龙虾行业价格波动的根本原因，无论是养殖规模增速小于消费市场增速，还是资本进入小龙虾市场，抑或者新零售电商的加入都造成了小龙虾市场的疯狂扩张，借此，可以得出小龙虾的价格依然会处于一个稳中带涨的趋势。

这是基本分析法对小龙虾市场的剖析，可能缺少一定的客观真实性。但依然能够折射出该行业的某些现状。因此，数据分析师可以利用基础分析法预测未来行业趋势。

5.2.2 进阶分析法

企业在日常生活中常使用 SWOT 分析法对自身进行一个全面分析。这一理论能非常有效地总结出企业自身的优势和劣势，区分企业所面临的机遇和挑战。使用 SWOT 分析法能帮助数据分析师协调资源与精力，将其集中到企业占有优势的领域及对企业有一定机遇的地方。对广大企业而言，在开拓市场、配置资源方面，掌握这一分析方法显得尤其重要。

SWOT 分析法分为两个部分，即机会威胁分析与优劣势分析。其中，机会威胁分析是将注意力集中在外部环境的变化与对企业的可能影响上。而优劣势分析主要是将企业自身的实力与竞争对手进行比较，也就是注重内部环境。在进行 SWOT 分析时，需要将企业的内部因素集中在一起，然后用外部的情况对这些因素进行评估。

1. 机会威胁分析

机会威胁分析分为两大类：一类表示外部环境的机会，一类表示外部环境的威胁。环境机会表示企业在未来发展过程中遇见的有利于企业发展的机遇，一旦成功抓住，将提高企业的核心竞争力；而环境威胁表示企业在未来发展过程中遇见的不利发展趋势所形成的挑战，如果不采取正确的策略，这种不利发展趋势将降低企业的竞争力。

2. 优劣势分析

如果企业在某些方面的优势是该企业获得成功的要素，那么该企业的竞争优势就会变得更强。需要指出的是，判断一个企业是否具有竞争优势，只能从潜在用户的角度出发，而不能站在现有用户的角度上。

一般来说，企业经过一段时间的发展，会建立起某种竞争优势，便会处于维持这种竞争优势的状态，而竞争对手便开始采取相应的措施；如果竞争对手采取其他更为有力的策略，就会不断削弱企业的优势。最终影响企业优势时长的原因主要有三个：建立这种优势的时间、建立的优势有多大及竞争对手做出反应的时间。因此企业需要不断采取措施强化自身的优势。

企业对自身的劣势无法完全纠正，因为这些劣势无法被完全发觉，所以企业用更多的时间来壮大自身的优势。但这样有可能导致企业难以获得更好的发展空间，企业局限于已有的优势之中，难以通过改进劣势获取更好的发展。

以一家电子企业为例，虽然企业各个部门都具有极强的能力，但各部门之间并不团结。工程师看不起推销人员，称其为"在外面跑的技术工"；而推销人员则看不起服务人员，称其为"在屋子里的推销员"。最后，演变成各部门之间互相内斗，抢夺资源，导致企业亏损严重。

接下来将通过一个案例展示 SWOT 分析法的特点。小马工作室是一家专门传授 SEO（优化搜索排名）的初创型企业，目前企业只有 5 人。他们制作了一个付费网站，希望各位互联网工作者能够学习到真正靠谱的技能。鉴于目前市场上类似的上乘课程较少，而且没有提供实战训练的服务。所以小马工作室根据这些因素壮大企业。

小马工作室的优势：由于是创业企业，团队活力足，战略调整快，缺少繁杂的规则束缚，传授课程大多都是干货，如每节课程 15 分钟到 25 分钟，比起一般平台上动辄 40 多分钟的课程，学习者更容易坚持下来，并且 1V1 解答，服务较好。

小马工作室的劣势：风险较多，如经费不足、资源较少等。虽然优质课程较多，但相应的更新速度会有所下降。

小马工作室的机遇：现在是互联网时代，许多传统企业面临转型。而互联网人才却存在巨大缺口，市场上的优质课程较少，已有的课程缺乏实践性。

小马工作室的威胁：现今的盗版比较严重，好的课程很容易被其他企业或者个人抄袭复制，抢夺市场份额。

分析完小马工作室的各种内外部条件以后，就可以对这些条件进行组合，为企业提供决策依据，如图 5-9 所示。

SO 战略是指企业的机会与优势组合，它表示企业最大限度的发展空间。小马工作室的 SO 战略为：由于团队较小，所以调整较快，可以将优质的内容与服务提升到极致，并且免费试听与基础系列课程的收费情况也能达到理想效果。

ST 战略是指企业的威胁与优势组合，它表示企业能够利用优势降低威胁。小马工作室的 ST 战略为：团队越小越专注于服务，虽然其他机构能够短时间复制优质课程，但无法复制服务，并且小企业更加重视用户的反馈与意见，能够及时调整课程的内容。

图 5-9　SWOT 分析中四种条件相互组合的战略

　　WO 战略是指企业的机会与劣势组合，它表示企业能够利用机会回避弱点。小马工作室的 WO 战略为：虽然客户资源与资金较少导致其无法进行大面积推广，但由于其内容质量过硬，可以选择投放到一些免费的垂直媒体，引起用户分析，实现二次传播。

　　WT 战略是指企业的威胁与劣势组合，它表示企业进行战略上的收缩与合并。小马工作室的 WT 战略为：因为资源少，又面临其他机构的复制风险，所以不宜推出过多的课程种类，现阶段只需要完成 SEO 课程的产品，不能盲目扩张产品线。

5.3　三技巧玩转数据分析

　　数据分析广义上包括数据整理、数据分析和数据分析报告三个部分。狭义上的数据分析就是指依据目的运用数据分析工具，对数据进行深层次的分析和挖掘，找出其内在的联系和变化。对很多企业来说，数据整理不难，但如何解读业务数据？如何才能发现其中的问题？能不能通过对数据的分析找出解决的方法？掌握以下三个技巧就能玩转数据分析。

5.3.1 看分布：明确产品特点

看数据分布，确定数据分布是集中的还是发散的；如果数据是集中态势的话要确定在哪个频率段；确定绝大多数的数据所集中的区间段。二八原则是 20 世纪初意大利统计学家、经济学家维尔弗雷多·帕累托提出的，他指出："在任何特定群体中，重要的因子通常只占少数，而不重要的因子则占多数，因此只要能控制具有重要性的少数因子即能控制全局。"

例如，某电商网站向用户推荐了一些新的关键词，接着将这些关键词按照消费和转化的程度在如图 5-10 的散点图中标注出来。

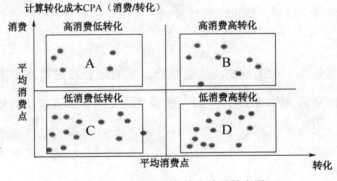

图 5-10　关键词消费转化效果散点图

数据分析师需要抓住热点关键词，从散点图中可以发现，低消费高转化的关键词最多，因此这些词属于热搜词。电商网站后台应重点关注这些关键词，达到促进销售的目的。

了解数据分布的目的是了解业务数据是否稳定，以及观察数据的集中度，从而明确产品特点，强化产品优势。

5.3.2　看趋势：追踪产品发展

看数据趋势是指数据分析师要把握好目标数据的走向趋势特点，如趋势波动大还是平缓？哪个阶段变化较大？哪个时间段异常点较多？

利用趋势图、多列堆积柱形图等方法，数据分析师把握产品整体的趋势走向，追踪产品发展态势，发现产品新优势、新特点。产品趋势、产品创意的挖掘很大程度上决定了企业的产品销售状况。企业可以根据自身产品特点，寻找合适的产品销售渠道，利用数据分析发现产品的广大市场。

通过对数据走向的特点进行分析解读，数据分析师可以预测产品前景，帮助企业实现业务优化，推动企业转型升级，因此数据分析师要时刻追踪产品发展趋势。

5.3.3　看细化：提升运营效率

很多时候，环比和同比数据对比结果相差不大，看不出问题。这时就要从更细节的部分着手，深入探究产品数据稳定性、集中度、变量趋势等多个方面。从中发现细节问题，提升运营效率。看细化可以利用的工具有方差分析、相关分析和回归分析等。

看趋势、看分布、看细化，是数据分析的三种主要技巧。需要注意的是，数据分析仅仅是从数据中发现问题，但并不代表着数据分析师工作的结束，还需要提出对问题的整改意见，供企业决策者参考。数据分析的这三个技巧，只能帮助数据分析师找到解决问题的突破口，但数据分析师仍然需要寻找问题的具体解决方案。

5.4 做不好数据分析的原因

数据分析是运用一些统计方法，对大量数据进行分析，从中提取有用的信息并发现问题并得出结论的过程。数据分析的作用是巨大的，它可以帮助企业制定适合自身的发展战略。但是对新手数据分析师来说，却经常出现明明已经掌握了分析方法，却得不到想要的结论，或者出现结论与事实大相径庭的现象。下面从五个方面论述了数据分析做不好的原因。

5.4.1 样本容量不兼容

在二战时期，英国政府希望增加飞机的装甲厚度，以此保证二战时期空军士兵的安全，提高空军士兵的生存率。但这给飞机的维护人员出了一个大难题，因为如果给飞机所有的部位都增加装甲，就会由于飞机自身过重而降低飞机的灵活性。经过一番激烈讨论后，维护人员决定只给飞机的部分位置增加装甲厚度。

维护人员通过对幸存下来的飞机进行数据统计后发现：大多数飞机的机翼弹孔较多。依据这一发现，维护人员给飞机的机翼部分增加了装甲厚度。安装上这些装甲的飞机又重新起航，然而结果却大出维修人员的预期，空军士兵的生存率不仅没有提高，甚至还有些下滑。

维修人员百思不得其解，后来一位专家说："你们统计的都是飞回来的飞机，那些没有飞回来的飞机呢？那些机舱中弹的飞机可曾回来过？"众人哑口无言。之后，维修人员不再只对幸存的飞机进行分析，而是收集那些已经坠毁的飞机残骸，并对残骸上的中弹痕迹进行深入研究。最后维修人员决定只对飞机上很少中弹的地方进行加固，如螺旋桨、机舱、发动机部分。这一次，期望与实际结果相同，英国空军士兵的生存率大大提高。

上面的案例中，维修人员之所以出现第一次的误判，是因为选取的样本容量有误。飞机幸存下来，很大程度上是因为中弹部位对飞机的性能影响不大，飞机仍然能够安全飞回基地。而那些没有飞回来的飞机恰巧是由于中弹部位对飞机飞行影响过大，导致飞机无法继续飞行直至坠毁。而选取那些幸存下来的飞机，就代表着忽视了那些真正具有代表价值的样本，得出的结果自然也就出现差错。

在进行选取样本容量时需要遵守以下两点原则：

1. 相同规则

在 2008 年的奥运会上，姚明的三分投篮命中率高达 100%，而科比的三分投篮命中率仅仅只有 32%，那么这是不是能够得出姚明的三分投篮命中率要高于科比的结论呢？显然答案是否定的。因为那届奥运会，姚明总共只投过 1 个三分球，而科比投了 53 个。所以两人没有比较的必要，也无法进行比较。

任何样本容量的选取都需要处于同一个规则之下，也就是需要具有可比性，只能有一个变量，从而减少结论的偏差性。

2. 客观角度

在进行样本容量选取的时候一定要站在客观的角度上，不能仅凭借主观印象判断，否则很可能就会出现本小节中维修人员判断结果失败的案例。

当然，这里所指的客观角度并不是指绝对客观，而是指相对客观的角度，也就是说，尽量保证选取的样本容量具有数据分析的价值。

5.4.2 视觉效果过于美观

对数据分析师来说，图表类的数据十分容易蒙蔽自身的视觉。假如两个表格使用同一组数据，但纵横轴却不一致，这就有可能造成最终显示的效果完全不同，然而实际的意义却完全相同。

因此，在进行数据分析时，需要警惕数据处理过程中出现的"小伎俩"，避免被数据的视觉效果所蒙蔽。

下面列举了两种数据分析过程中的蒙蔽效果，如图 5-11 所示，帮助大家远离这个"雷区"。

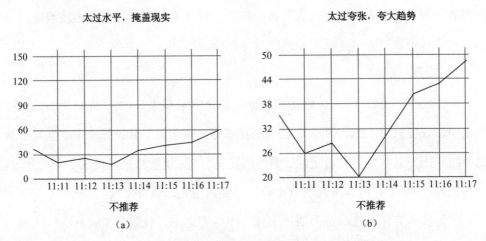

图 5-11　数据分析过程中的两种蒙蔽效果（两组数据相同）

第一种的蒙蔽效果为"太过水平，掩盖现实"。当企业近期出现开销过大、人力成本较多等情况时，纵横轴放大，数据之间的差距缩小，最终呈现在图表上的图像就会掩盖掉这些事实。例如，图 5-11（a）中的纵轴采用 30 的间距就使得整个图像显得过于平滑，给人一种增长降低趋势不明显的感觉。

通过这些看上去不太真实的图像，企业就会产生一种错觉，觉得实际上情况并不严重，故此可能做出一些错误判断，导致企业面临危机。

第二种的蒙蔽效果为"太过夸张，夸大趋势"。当近期企业销售情况不太良好、企业经营状况刚刚略有起色等情况时，纵横轴缩小，数据之间差距扩大，显现的图像也就出现了夸大现象。例如，图 5-11（b）中的纵横轴的间距为 6，比起图 5-11（a）中的间距缩小不少，使得整体图像的趋势起伏过大。

在实际的数据分析中，真实且客观的数据图表需要占据整体区域的三分之二，如图 5-12 所示。

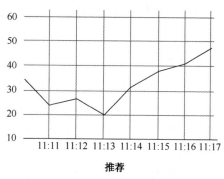

图 5-12　较为合理的数据图表

5.4.3　因果关系理解有误

数据分析师在进行数据分析时，通常假设相关关系直接影响因果关系，一般情况下，用数据解释两个变量之间的相关性是一种很好的证明方法。但是，总是使用因果关系类比可能导致出现虚假的预测和无效的决定。要想使数据分析达到最好的效果，数据分析师必须分清相关关系与原因的区别。

某电商网站通过对销量与商品评价的数据进行分析，发现商品销售额越高，商品的评价就越高，二者呈正比关系。

假设商品评价多是销量高的原因，数据分析的结论就是，需要更多的商品评论来带动销量，"刷单"现象也应运而生。这导致某些商品下的评价多与商品内容毫无关联。而且很多商品销量对评论的敏感度都不一样，这种做法不但不能带动商品真实销量的上升，而且容易被电商网站判定违规。商品评价其实不是影响销量的主要因素，出现这种情况是因为数据分析师犯了因果关系理解有误的错误。

除了对商品的评价，影响销量的因素还有很多，如质量、价格、优惠活动等。如果全面完整地把控这些影响销量的因素，那企业想要提升商品销量，则要优先考虑最重要的因素，也就是提升商品质量。

在分析数据时，正确判断数据指标间的逻辑关系，能够更好地指导数据分析师得出结论，正确判断因果关系是指导企业做出产品决策的前提。

5.4.4 忽视沉默用户

沉默用户是与活跃用户相对应的用户群体，但沉默用户不是"僵尸用户"，也不是流失用户。企业的用户中，沉默用户占了很大一部分。因此，数据分析师不应只关注活跃用户的需求，重视对沉默用户需求的满足，才是企业能够长久发展的秘诀。

第三方调研机构对甲网站和乙网站的改版进行了满意度调研，结果甲网站的改版满意度为20%，而乙网站的满意度为80%。

本次调研，并未考虑参与调研用户数量占网站整体用户的比例。甲网站由于用户数量庞大，持有不同意见的人有很多，而这个第三方调研机构却只调查了和乙网站相同数量的样本，大部分甲网站的用户并未参与调研。而实际上甲网站是Facebook，乙网站是某个不知名的交友网站。

数据分析师在发现用户需求反馈的时候不应立即做出决策，因为数据分析师的分析结论往往会使企业将变革推上日程。有可能这些需求反馈并非大部分用户的核心需求，而仅是极少部分用户的需求。

忽视沉默用户，没有从整体考虑大部分用户的核心需求，可能会导致人力物力的浪费，甚至错失重要的商业创新机会。

5.4.5 过度夸大数据作用

数据是重要的，但数据不是万能的。过度夸大数据的作用，会让数据分析师做很多没有价值的数据分析，同时也会限制企业的创新思路。

分析马车的数据得知人们需要更快的马车，于是马场主努力养马，可是再快的马也比不上汽车的速度。过度夸大数据的作用，很有可能会局限数据分析师的思维，导致创新思维无法生根发芽。

在《大数据时代》中，提到了一个故事：玛丽莎·迈尔曾经担任谷歌高管职位，居然要求员工测试 41 种蓝色的阴影效果中，用户使用哪种最多，从而决定网页工具栏的颜色。在这件事中，谷歌的"数据独裁"可见一斑。用数据分析决定网页工具栏的颜色也掀起了反对过度夸大数据作用的浪潮。

谷歌首席设计师道格·鲍曼受不了随处可见的数据分析，提出离职。"最近，我们竟然争辩网页边框是 3、4 还是 5 倍像素，我居然被要求证明我的选择的正确性。我没有办法在这样的环境中继续工作了。"他离职后在博客上面大发牢骚，"谷歌完全是数据的天下，所以只会用数据观点解决问题。把所有决策简化成一个逻辑问题，数据成为一切决策的主宰，束缚住了整个企业。"

很多优秀的产品，并不是通过数据发现的，往往是人类智慧的体现。数据是客观的，但人是主观的，是数据分析师在利用数据，而不是数据在利用数据分析师。

第 6 章

进阶分析一：正确分析财务数据

通过对财务数据进行正确分析，可以判断一个企业是否处于盈利状态，发展运营态势是否良好，企业的经营管理机制是否健全。同时，对财务数据进行分析，数据分析师可以找出企业经营管理的问题所在，并找到解决问题的方法。

6.1 资产利用效率分析

企业的资产利用效率分析主要从企业资产的周转速度方面进行分析。一般情况下，企业资产的周转速度越快，说明企业的资产利用效率越高，也就证明企业的资产运用能力较强，经营水平高。下面从总资产周转率、固定资产周转率、应收款项周转率和库存周转率四个方面评价企业资产利用效率。

6.1.1 总资产周转率

一个精明能干的企业家，在企业规模较小时，经营得非常好，有很强的盈利能力。但是在企业规模扩大之后，反而经营不好，企业盈利效果不佳。这就反映出这个企业家在总资产运用方面能力不足。

体量庞大的上市企业同样面临着总资产运用能力不足的问题。在企业规模较大的情况下，企业销售收入增长会面临很多阻力，如消费者需求下降、替代品层出不穷、销售管理不到位等。很多因素都会制约大规模销售的实现。

体量较大的企业经常面临着这样的选择：是保持较高的销售毛利率而放弃对总资产周转率的追求，还是适当降低销售毛利率促进总资产周转率的提升？实践证明，成功的企业往往两手都会抓，且能很好地平衡这两个方面。数据分析师需要帮助企业最大限度地提高销售毛利率的同时，保证较高的总资产周转速度。总资产周转速度的快慢通常用总资产周转率表示，总资产周转率是指产品销售收入与总资产平均资产总额之间的比例关系。

总资产周转率的计算公式为：

总资产周转率=销售收入总额÷平均资产总额

总资产周转率是评定企业总资产的经营质量和利用效率的重要指标。总资产周转率越高，表示资产周转速度越快，也就说明企业经营能力越强。

6.1.2 固定资产周转率

企业发展状况与其经营情况密切相关。科学的管理和技术创新可以促进企业快速发展，增强企业的竞争力，使企业在竞争激烈的市场环境中生存。企业生存如同逆水行舟，不进则退，坐以待毙就会被市场淘汰。

固定资产周转率经常用来分析企业经营状况，是企业销售收入与固定资产净值的比率。固定资产周转率的计算公式为：

固定资产周转率=营业收入÷平均固定资产净值

固定资产的高周转率意味着企业对资产的利用效率很高，企业管理水平较高。固定资产周转率的经济含义是：固定资产周转率的单位净值能够从主要业务中产生多少收入。如果固定成本过高或主营业务收入过低，企业则很容易亏损。因此，这个比率可以衡量企业抵御商业风险能力的强弱程度。在固定成本不变的情况下，主营业务收入越多，业务风险就越小。

同时需要注意的是，由于不同的企业对固定资产往往会选择采用不同的折旧方法，企业之间固定资产周转率的可比性会比较低，数据分析师在分析时需要注意这一点。此外，当企业属于劳动密集型企业时，对这一比率没有太大的研究意义。

6.1.3 应收款项周转率

企业的应收款项在企业流动资产中具有非常重要的地位。企业如果将应收款项及时收回，就能利用这笔款项进行经营活动，资金使用效率便能大幅提高。企业如果不能将应收款项及时收回，流动资金会过多地停止在应收款项上，影响正常的资金周转。

应收款项周转率是反映企业应收款项周转速度的比率。应收款项周转率公式有理论公式和实际运用公式之分，两者的区别在于销售收入是否包括现销收入。可以把现销收入理解为赊销的同时收回货款。销售收入包括现销收入的运用公式，同样符合应收账款周转率指标的含义。

1. 理论公式

应收款项周转率=赊销收入净额÷应收款项平均余额

2. 实际运用公式

$$应收款项周转率=\frac{当期销售净收入}{（期初应收款项余额+期末应收款项余额）÷2}$$

一般情况下，应收款项周转率越高越好。应收款项周转率高，表明赊账越少，收账迅速，账龄较短，可以减少坏账损失等。也说明企业资产流动性强，短期偿债能力强。

应收款项周转率，一般企业的标准值为 3，但仍要与企业的经营方式结合考虑。对于季节性经营的企业，大量使用分期收款结算方式的企业，大量使用现金结算的销售企业，年末大量销售或年末销售大幅度下降的企业，这几种企业的应收款项周转率都不能反映实际情况。

6.1.4 库存周转率

库存周转率是指一定时期内的出库总金额、产品总数量与该时期内的库存平均金额、平均产品数量比值，一定时期一般指一年或半年。提高库存周转率对提高资金周转速度，加强资金利用率具有积极的作用。

评估库存周转率的目的在于以财务的视角预测整个企业的现金流，从而对整个企业的需求与供应链运作水平做出判断。

例如，某企业在 2018 年一季度的销售物料成本为 400 万元，该季度初的库存价值为 60 万元，该季度末的库存价值为 100 万元，那么其库存周转率为 400÷[（60+100）÷2]=5。这说明该企业用平均 40 万元的现金在一个季度的时间里周转了 5 次，赚了 5 次利润。照此计算，假如每季度销售物料成本不变，每季度初的库存价值、季度末的库存值也不变，那么该企业的年库存周转率就变为 4×5=20次。等同于该企业一年用 40 万元的现金赚了 20 次利润。

上述的例子只是库存周转率的一种计算方式，在实际的指标分析过程中可用以下公式进行计算：

1. 库存周转率=（使用数量÷库存数量）×100%

使用数量一般小于出库数量，因为出库数量包含了一部分备用的产品或材料。除此之外，金额也可以用于计算库存周转率，此时库存周转率=（使用金额÷库存金额）×100%，同理，使用金额一般小于出库金额。

2. 库存周转率=（该期间的出库总金额÷该期间的平均库存金额）×100%

= 该期间出库总金额×2÷（期初库存金额+期末库存金额）×100%

这是通过规定某个期限对金额进行研究。库存周转率对企业的库存管理来说具有十分重要的意义。例如，对制造商而言，它的利润是在资金→原材料→产品→出售→资金的循环过程中产生，这也就意味着循环越快，相同资金下的利润也就越高。因此，库存周转率代表着企业利润的测量值。

对库存周转率而言，它通常被用来与同行业相互比较，或与企业其他时期相比较分析。在库存绩效的评价之中，库存周转率是一个重点评价的内容。

6.2 资金获取情况分析

资金获取情况分析就是对于盈利能力的分析。盈利能力是指企业通过经营活动获取利润的能力。企业资金获取情况的有关指标可用于评价企业经营状况如何。通过对企业资金获取情况的评估可发现企业在经营管理中存在的问题。

下面将从初始盈利能力、盈利水平、投资回报情况、资本保值增值能力和社会贡献能力五个方面介绍如何评估企业资金获取情况。

6.2.1 初始盈利能力

盈利能力的分析是企业财务分析的重中之重，根本目的是通过分析及时发现问题，改善企业财务结构，提高企业经营能力，达到促进企业稳步发展的目的。对企业初始盈利能力的分析可以从盈利总量和盈利结构两方面进行详细探究。

对企业盈利总量的分析可以通过毛利水平和营业净利率两个指标进行分析。

毛利水平反映企业的初始盈利能力，通过对毛利水平进行分析，可以掌握毛利水平和期间费用两个因素对企业盈利能力的影响。

毛利水平的计算公式为：

主营业务毛利率=（主营业务收入净额-主营业务成本）÷主营业务收入净额

主营业务毛利率指标反映了主营业务的获利能力。而营业净利率反映的是企业营业收入创造净利润的能力，是净利润和营业收入的比率。

营业净利率的计算公式为：

$$营业净利率=（净利润÷营业收入）×100\%$$

营业净利率的比率越高，说明企业的获利能力越强。但它受行业特点影响较大，通常来说，越是资本密集型企业，营业净利率就越高。营业净利率的分析应结合不同行业的具体情况进行评估。

对企业盈利能力的分析不只包括盈利总量的分析，还有在此基础上的盈利结构的分析。

对盈利结构的分析有助于把握企业盈利的稳定性和持久性。这关系着企业的长足发展。盈利的稳定性应该从企业的利润结构出发，通过分析各种业务的利润在总额中的比重，判断企业盈利能力是否具有稳定性。利润的构成是多方面的，包括产品销售利润、其他业务利润、营业利润和投资利润等，数据分析师应按照获利的稳定性将其排序，排名越高，说明其稳定性越好。

因为企业的主营业务是企业经营的重点，因此初创企业一定要让主营业务的经营水平保持稳定。数据分析师在盈利能力的稳定性分析中应该注意对主营业务利润比重的分析，重点关注主营业务利润对企业总利润的影响。

对企业盈利持久性的分析通常采用将多期损益进行对比分析的方式，既可以采用绝对额比较的方式，也可以采用相对数的比较方式。绝对额比较方式是将企业盈利的绝对额进行对比分析，如对经营业务、商品利润等进行分析比较，看绝对额的盈利是否能够保持增长的趋势。

相对数的比较方式是选择某一会计年度为标准，用其他几年中损益表中各收支项目余额除以标准年份相同项目的余额，然后乘100%，求出该项目变动的百分率。相对数比较的方式可以判断企业是否持续保持盈利水平增长的趋势，如企业的主营业务利润呈现稳步增长趋势，则说明企业盈利能力就越强。

6.2.2 盈利水平

企业在不断发展的过程中，面临着众多影响企业盈利水平的因素。如电商冲击，传统利润空间被挤压；管理水平低，浪费现象严重；经营成本高、压力大；资金缺乏，产品创新与技术研发缓慢。事实上，企业面临的不止以上几点问题，但最核心的问题还是企业盈利水平无法提升。只有企业盈利水平提升，获得更多资金，企业才能获得长足的发展。

1. 加强企业现金流管理

数据分析师能够通过现金流流动性分析发现其中的关键问题，从而针对企业现金流提出加强管理的意见，确保企业持续健康发展。

现金流的管理大致可以借助以下手段：

（1）树立现金流风险管理意识，改变传统观念，在保证企业现金流运转正常的前提下进一步发挥现金流的作用，实现企业经济效益的最大化。

（2）企业应当完善现金流内控系统，建立健全企业现金流监管体系，确保每笔资金都在企业的掌控之中。

（3）要努力提升企业现金流预算管理水平，针对企业现金流做好预算工作，对风险情况进行预测并合理规避。

（4）建立企业现金流量分析考核机制，数据分析师应搭建现金流量数据库。方便结合企业各个时期，对现金流量的使用合理性进行综合评价，促进现金流使用效率的提升，确保企业处于持续健康的发展状态。

2. 加强预算管理，控制企业成本

目前电商市场的不断发展压榨了企业的盈利空间。成本的严格控制，是企业实现经营管理绩效提升的另一种方法。

（1）要控制成本预算，在项目开始前，严格做好预算及核算，将岗位责任制严格落实，保证资金的最大利用。

（2）对各项成本予以细化，省去不必要环节。严格设立审批程序，每个成本项目都要认真预算，防止出现物资浪费的情况。

（3）要将资金流控制与成本控制结合起来，减少成本损耗。将预算控制与实际需求相结合，促使成本降低，激发员工热情。同时企业不能在成本方面节约过多，因为产品的品质始终是企业安身立命之根本。

企业只有做好这几点，才能够控制好企业生产成本，降低有可能产生的资金浪费情况，从而提升盈利能力。

3. 优化企业管理结构

企业管理结构的优化能够保证资产的可控性及流动性，资产的周转率和利用率都能够得通过优化企业管理结构到提升，从而使企业盈利水平提高。企业管理结构可以从以下三方面进行优化：

（1）创新企业经营增长模式。实行精细化管理，保证资金得到了有效的循环利用，有效减少经营成本。

（2）在科技创新上增加资金投入。企业人员的科技素养提升，有助于企业创

新能力的提升，从而使企业资产周转速度提升。在减少成本浪费的同时，让资产的用途最大化。

（3）建立资产数据库。将企业的所有资产都归纳至资产数据库中，就能够及时发现长时间被闲置或者超过使用年限的资产，企业可以尽快处置这些资产，减少资产空置率。

4. 提高企业核心竞争力

企业在市场上的竞争能力往往与其盈利能力挂钩。企业要提高对技术创新的重视程度，加快新产品、新技术的研发速度，从而提高企业的核心竞争力。

用户的需求日益多元化，企业只有不断地通过技术创新，采取差异化策略，满足用户需求，才能与其他企业抗衡，从而拥有更强的盈利能力，为企业自身的长远发展奠定良好的基础。

6.2.3 投资回报情况

投资回报情况是指企业投资一项商业活动，从中得到的经济回报情况。

企业投资任意种类的资产，并从这笔投资中得到的利润被称作投资回报。投资回报通常分为两种：资本利得或资本损失。投资回报率是体现投资回报情况的基础数值，是衡量一个企业经营效果和效率的一项综合性指标。

投资回报率的计算公式为：

投资回报率=（年利润或年均利润÷投资总额）×100%

例如，小丽想要开一家书店，前期书店需要一定投资。小丽统计了一下投资情况，装修2万元，书籍购买50万元，各种固定资产、无形资产需要2万元，合计54万元。

当书店开张以后，小丽计算：每月的收入在1.5万元左右，每月的支出在

1 万元左右，那么每月的利润约为 5000 元。

投资回报率为 5000×12÷540000=11.11%

一般的情况下，投资回报率越高的项目，投资风险也越高。

投资回报情况能在一定程度上反映企业的综合盈利能力，并且由于投资回报率具有横向可比性，企业可以依此判断投资部门经营业绩情况。此外，投资回报情况可以作为企业接下来投资方向的依据，有利于资源的优化配置。

6.2.4 资本保值增值能力

反映企业保值增值能力的指标主要有两个，一是资本保值增值率，二是资本积累率。

1. 资本保值增值率

资本保值增值率的计算公式为：

$$资本保值增值率 = \frac{期末所有者权益（扣除客观因素后）}{期初所有者权益} \times 100\%$$

对资本保值增值率进行统计，首先可以反映和评价企业资本的保值增值情况；其次数据分析师可以根据资本保值率考察企业生产经营规模及企业经营实力的变化情况；再次还能衡量企业资本的扩张能力。

例如，某企业 2015—2019 年资产保值增值情况见表 6-1。

表 6-1 某企业 2015—2019 年资产保值增值情况

单位：万元

项　　目	2015 年	2016 年	2017 年	2018 年	2019 年
期初所有者权益	200483.81	296491.46	319735.36	351390.25	358668.22
期末所有者权益	296491.46	319735.36	351390.25	358668.22	494142.97
资产保值增值率	134.47%	107.84%	109.90%	102.07%	137.77%

由以上表格中的资产保值增值率可知，该企业资产没有减少，2019 年的增值

幅度较大，2016—2018 年资产增值保值率接近 100%，说明企业资产没有减少，实现了保值。

影响资本保值增值率的变动因素有三个：经营的盈亏、剩余收益支付率出现变动、企业主动通过增减资本调整资本结构。

数据分析师在分析资本保值增值率时要注意，有时资本保值增值率出现了较大增长，不是企业通过自身生产经营的发展提高了企业经济效益，而是投资者对企业注入了资金。因此，数据分析师在进行资本保值增值率的分析时应注意区别出现增长的是因为投资者注入的资金，还是因为企业经营业务进步。

2. 资本积累率

资本积累率是资产保值增值率的延伸，表示该年企业资本的积累能力，是评定企业发展情况的重要指标。

本积累率的计算公式为：

$$资本积累率 = \frac{期末所有者权益 - 期初所有者权益}{期初所有者权益} \times 100\%$$

例如，某企业 2015—2019 年资产累积率见表 6-2。

表 6-2　某企业 2015—2019 年资产累积率

单位：万元

项　　目	2015 年	2016 年	2017 年	2018 年	2019 年
期初所有者权益	200483.81	296491.46	319735.36	351390.25	358668.22
期末所有者权益	296491.46	319735.36	351390.25	358668.22	494142.97
资本积累率	34.47%	7.84%	9.90%	2.07%	37.77%

从表中数据可以看出，2015 年和 2019 年企业的资本积累率较高，其他几年的资本累计率也都维持在 0 以上的水平，说明该企业还是有较大的发展潜力。

资本积累率体现了企业资本的积累情况，资本积累率高，是企业发展强盛的标志，也是企业扩大再生产的动力，展示了企业的发展潜力。

6.2.5 社会贡献能力

社会贡献能力是指从价值角度分析企业对社会和国家所做的贡献，通常用社会贡献率来表达一个企业的社会贡献能力。

社会贡献率的计算公式为：

$$社会贡献率 = \frac{企业社会贡献总额}{平均资产总额} \times 100\%$$

社会贡献率反映了企业资产所产生的社会经济效益大小，该指标值越大，说明企业为社会做出的贡献也越大。社会贡献率是社会进行资源有效配置的基本依据。

例如，某企业 2020 年的平均资产总额为 1500 万元，当年支付给职工的工资、奖金、津贴等其他公益性支出总额为 230 万元，利息支出为 30 万元，销售税金及其他扣除部分共计 31 万元，所得税为 97 万元，税后净利润为 152 万元。

$$
\begin{aligned}
社会贡献率 &= \frac{企业社会贡献总额}{平均资产总额} \times 100\% \\
&= \frac{230 + 30 + 31 + 91 + 152 = 538}{1500} \\
&= 44.83\%
\end{aligned}
$$

由结果可知，企业的盈利状况与社会贡献率挂钩，社会贡献能力分析是企业盈利能力的组成部分之一。因此，数据分析师在对企业盈利能力进行考察时，也要注意企业的社会贡献率，考核其公益性支出是否与其盈利能力呈比例关系。

6.3 债务稳定性分析

如今很多企业处于债务驱动发展的模式下，企业利用外部融资扩大再生产，发展自身业务。这本是一个良性循环，但是有些企业因投资失败或者业务发展情况不佳，被市场淘汰，无法偿还债务。

因此，数据分析师要通过分析企业的流动债务偿还能力和长期债务偿还能力，帮助企业判定自身情况与市场环境是否适合用债务驱动企业发展，帮助企业找到适合自身的发展方式。

6.3.1 流动债务偿还能力

对一家企业的流动债务偿还能力进行评估，可以帮助这家企业了解短期财务状况。数据分析师能够依据流动债务清偿能力，给予企业指导意见，帮助企业发现问题所在，提升企业经营能力，最终提高企业获利能力。

流动比率和速动比率是评价流动债务清偿能力的重要指标。

1. 流动比率

流动比率说明了企业在短期内能够利用手中流动资产来偿还短期债务的能力。流动资产是指一些容易变现，转换成资金流的资产。短期债务一般指的是一年内需要偿还的债务。

流动比率的计算公式为：

$$流动比率 = \frac{流动资产}{流动负债} \times 100\%$$

对企业来说，流动比率过高，并不是一件好事。因为过高的流动比率意味着企业拥有非常多的流动资金，也就是说这些资金没有得到充分利用。数据分析师需要根据行业的不同确定适合企业的流动比率。一般来说，流动比率大于 2 时，意味着企业有足够的能力清还短期债款。

2. 速动比率

相较于货币资金、应收款项来说，企业存货的变现比较特殊，存货的变现需要依靠销售，能否实现存货的快速变现还要参考企业的销售情况。

如果一家企业的流动比率较高，但流动资产大多是存货，并且企业的销售情况一般。那么在这种情况下，数据分析师就不能单纯地利用流动比率确定企业的债务情况，而是应该综合考察企业的流动比率和速动比率。

速动比率的计算公式为：

$$速动比率 = \frac{流动资产 - 存货}{流动负债} \times 100\%$$

速动比率的计算排除了存货的干扰，相较于流动比率，速动比率对评价企业短期债务的偿还能力真实可信。一般来说，速动比率大于 1 时，意味着企业拥有比较好的短期债务偿还能力。

6.3.2 长期债务偿还能力

长期债务偿还能力是指企业对债务的承担和偿还的保障能力。长期债务偿还能力的强弱代表着企业财务的安全性和稳定性。

数据分析师对企业长期债务偿还能力进行分析需要立足大局视角，从分析企业盈利情况出发，发现企业内在风险，并提出措施解决这些问题。数据分析师对企业长期债务偿还能力进行评估的目的有以下四点。

1. 了解企业财务状况

企业长期债务偿还能力反映了企业财务状况。通过对长期债务偿还能力的分析，可以发现企业财务中存在的问题，及时加以调整，进而帮助企业提升自身价值。

2. 量化企业承担的风险程度

负债必须如期归还，并且偿清利息。当企业借债时，有一定概率出现债务到期但不能按时偿还的情况，这就是财务风险。数据分析师可以通过评估本次借债企业承担的风险程度，确定企业是否应该通过借债的方式筹集资金。当企业偿债能力强时，风险就小；当企业偿债能力弱时，风险就相对较高。

3. 预估企业未来筹资难点

企业生产经营需要各种资金，而企业不是随时都有充足的流动资金的，那么就需要通过借债的方式筹资。债权人会依据企业长期债务偿还能力，评估企业偿债信誉。债权人更倾向于将资金借给有长期债务偿还能力的企业。如果企业长期债务偿还能力不强，那么企业想要借债，就必须承担更大的风险提高利息，陷入借不到钱也还不起钱的恶性循环。

4. 为企业各种资产运转活动提供参考意见

企业的长期债务偿还能力较强，则说明企业有充裕的流动资金和能够随时变现的资产。在这种情况下，数据分析师可以依据债务清还时间为企业运转流动资产提供参考意见，帮助企业提高资金的利用效率。

长期债务偿还能力的评估有许多指标，数据分析师可以依据企业不同的性质，全面考察企业长期债务偿还能力，下面列举四种企业长期债务偿还能力评估的指标。

1. 资产负债率

资产负债率是企业负债总额与企业资产总额的比率。一般情况下，资产负债率越低，说明企业长期债务偿还能力越强。对企业来说，资产负债率保持在一个偏高的比率较为合适，因为企业的资产负债率高意味着对企业资产的利用更加充足。数据分析师应将长期债务偿还能力与获利能力指标结合起来分析企业的资产负债率应在什么位置最合适。

2. 产权比率

产权比率是指企业负债总额与权益总额的比率。一般情况下，产权比率越低，说明企业长期债务偿还能力越强。产权比率同资产负债率的评价是有一致性的，但二者仍有一定的区别：资产负债率注重分析企业对长期债务偿还能力是否有物质上的保证，如企业有可以随时变现的资产；而产权比率则注重分析企业财务结构的稳定程度及企业自身拥有的资金是否能够承受长期债务。

3. 或有负债

或有负债指因企业过去的交易可能导致未来的负债，例如，债务担保。或有负债反映了企业应对可能发生的一些负债事件的预防程度。

4. 已获利息

已获利息是指企业一定时期内税前利润与利息的比率。已获利息反映了企业的经营获利能力和对债务清偿的保证程度。一般来说，企业已获利息越高，企业长期债务偿还能力就越强。

企业长期债务是用企业自身资产和企业经营创造收益共同偿还的，企业自身资产的周转并非企业的主营业务。企业的主营业务是指企业的经营创收，因此，企业应注重业务的发展，用盈利能力保证企业资金的良性循环。

6.4 规模扩充前景分析

规模扩充是企业在激烈的市场竞争中寻求发展的重要途径之一，企业经营不是昙花一现，而是要寻求可持续的企业规模扩充。数据分析师可以从企业营业增长水平、近年利润平均增长率、近年资本平均增长率、资本积累情况和固定资产可持续发展能力五个方面分析企业规模扩充前景，帮助企业实现可持续发展。

6.4.1 营业增长水平

营业增长水平常用营业增长率来表达，营业增长率即企业的利润增长情况。如果营业增长率趋于上升，则意味着企业的盈利能力在不断提高；反之就意味着企业的盈利能力在下降。营业增长率为企业本年营业收入增长额与上年营业收入总额的比率。

营业增长率的计算公式为：

$$营业增长率 = \frac{（本年度营业收入 - 上年度营业收入）}{上年度营业收入} \times 100\%$$

一般情况下，营业增长率高，表示企业的业务规模正在快速扩张，市场占有率和影响力也在稳步提高。营业增长率保持不变，则表示企业经营业务稳定。营业增长率小于 0，说明营业收入减少，则表示企业业务经营出现问题。

但营业增长速度并非越高越好，也有特殊情况的存在。例如，企业以牺牲利润的方式来降价促销，可能只会出现短暂的营收效益增加，最终影响了企业的利益。

短期的高增长对企业影响力的扩大有一定的作用，但是牺牲的往往是企业利润和企业现金流，对企业长远的发展是不利的。除了企业的降价促销活动，企业营业增长率提高也可能是因为企业被动受到市场和环境因素的影响。

由技术、产品创新驱动的企业营收增长率的提高，是一种良性的营业增长。因为这种增长能够使企业保持高利润，并保障现金流的持续流通，企业在稳步发展中实现高营业增长率。

数据分析师需要分析影响企业营业增长率的原因。如果是因为企业通过自身的产品创新实现了企业营业增长率的提高，那么可以分析营业提高的效率；如果是外部因素影响了企业产品的销售，那么应关注这种影响持续的时间及影响的大小等，对外部因素可以结合三年以上的市场数据进行分析。

营业增长水平需要结合营收的相关质量指标进行分析。因为营业增长率的考察只考虑了企业收入的增长变动情况，最终的收益仍需要进行综合考量。

例如，王大婶开了一个包子铺，每个包子售价 2 元，赚 0.5 元，那么卖五千个包子可以赚 2500 元。但王大婶实际上赚了不到 2500 元，因为出售 5000 个包子，需要更多做包子的人手，需要更多的餐具，还要时刻关注面粉等原材料的供应情况，各项费用都增长不少。

因此，营业增长水平不能只关注营业收入，而是应该结合收入质量等各项指标进行分析，进行综合的考量，从而判断企业营业增长的真实情况。

6.4.2 近年利润平均增长率

利润指标代表着企业积累和发展的情况，近年利润平均增长率越高，表明企业的资金积累就越多。企业的资金越多，表明企业的发展前景广阔，可持续发展能力也越强。利用近年利润平均增长率反映企业利润增长趋势和企业收益的稳定性，从而避免有些年份因利润增长速度不正常导致对企业发展潜力出现错误判断的情况。

近年利润平均增长率的计算公式为：

$$近年平均利润增长率 = \left[\frac{年末利润总额}{n年前末利润总额} \times \frac{1}{n} - 1 \right] \times 100\%$$

近年利润平均增长率不能完全代表企业平均增长速度，企业的利润的增速需要从多方面进行综合考量。有些企业增速稳定，可以利用近年利润平均增长率判断，有些企业增速并不稳定，利用近年利润平均增长率往往不能准确体现企业的发展潜力。

例如，胜利钢厂在 2018 年至 2020 年间各年度的利润分别为 150 万元、250 万元、400 万元；成功钢厂在 2018 年至 2020 年间各年度的利润分别为-100 万元、-200 万元、200 万元。

利用近年利润平均增长率计算得到胜利钢厂和成功钢厂在 2018 年至 2020 年三年的利润平均增长率均为 58.74%。但是从数据可以看出胜利钢厂的利润逐步稳定增长，具有较好的发展能力；而成功钢厂的利润情况起伏较大。利用近年利润平均增长率对企业的利润获得情况进行判断，就显得不准确了。

对成功钢厂未来发展能力的判断，数据分析师还需要对其各年度利润进行详细的分析判断，找出亏损的根本原因，从而预估出成功钢厂将来的发展态势，帮助成功钢厂稳步发展。

近年利润平均增长率理论上通过评估连续几年企业实际利润的增长情况，可以预估企业的发展潜力，评价企业的发展能力。但从实际情况看，近年利润平均增长率只与该企业本年利润和几年前的年度利润有关，中间几年的利润金额大小不影响该指标的计算结果。因此近年利润平均增长率不能准确评价企业发展潜力。

6.4.3　近年资本平均增长率

近年资本平均增长率表示近几年企业资本积累的情况。计算近年资本平均增长率，需要从企业各年度的资产负债表提取数据。例如，计算 2020 年的近年资本平均增长率，近年暂定为 5 年，则需要取 2015 年企业年末所有者权益总额和 2020 年年末所有者权益总额进行计算。

近年资本平均增长率的计算公式为：

$$近年资本平均增长率 = \left(\sqrt[3]{\frac{年末所有者权益总额}{n年前年末所有者权益总额}} - 1 \right) \times 100\%$$

近年资本平均增长率越高，表明企业所有者权益越稳定，企业能够长期支配的资金越充足，企业抗风险和持续稳定发展的能力就越强。

一般的资本增长率指标只能反映当期情况，无法对企业长期的发展状况做出评估，而利用近年资本平均增长率能够反映企业资本积累和扩张时的发展状况，以及企业近年来的发展趋势。

在具体使用近年资本平均增长率评价企业发展的稳定程度时，可以给这些数据进行加权，从而得出相对合理的企业总评分，利用定量的数据客观地对企业发展态势做出评价。

6.4.4 资本积累情况

资本积累是企业扩大再生产规模的源泉，企业所获得的利润越多，资本积累的规模也就越大。一般用资本积累率表示企业该年度的资本积累情况。

资本积累率的计算公式为：

$$资本积累率 = \frac{本年所有者权益增长额}{年初所有者权益} \times 100\%$$

因为资本积累的主要作用是投入企业扩大再生产，所以资本积累率是评价企业发展能力的重要指标。资本积累率越高，代表企业所有者权益增长速度越快，也意味着企业正在蓬勃发展，具有一定稳定性与上升性。收益高、可持续发展的企业会吸引更多投资者的关注，使企业获得更多资金，帮助自身获得长足发展。

当资本积累率呈现负值，那么企业资本实际上处于亏损状态。数据分析师应注意企业亏损情况，如果连续多年资本积累情况都不容乐观，那么企业就应当重视起来，采取措施保障企业发展。

但是，如果当年企业处于亏损状态，且期末亏损绝对值大于期初亏损绝对值，那么虽然资本积累率呈现正数，但实际资本仍是处于亏损状态。因此数据分析师在取值的同时要注意观察数据来源，避免出现决策失误的情况。

6.4.5 固定资产可持续发展能力

固定资产的合理使用可以帮助企业实现可持续发展，是企业生存发展的重要物质保证。通过对固定资产可持续发展能力的评估，可以帮助企业更好地利用固定资产，帮助企业创收，实现固定资产的提质增效。

固定资产可持续发展能力不佳，主要是由于存在如图 6-1 所示四个方面的问题。

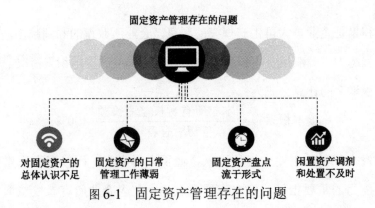

图 6-1　固定资产管理存在的问题

1. 对固定资产的总体认识不足

长期以来，企业往往只重视业务效益而忽略了对固定资产的管理与利用，特别是固定资产的购置存在一定的盲目性。企业没有通过科学的数据分析、投资分析处理固定资产，固定资产管理制度不健全，导致某些固定资产长期处于闲置状态，利用率很低，造成了资源浪费。

2. 固定资产的日常管理工作薄弱

企业很少对固定资产设置日常专门管理部门，导致各部门对固定资产的管理互相推诿，固定资产的管理工作迟迟无法展开。即便企业意识到需要管理固定资产，但大多都是现有部门身兼多职，日常工作衔接不明确。其他部门对固定资产管理流程并不了解，导致固定资产出现了不合理配置，有的固定资产，如办公设备，容易出现过度配备的情况。

3. 固定资产盘点流于形式

有的企业的固定资产清查盘点流程并不明确，且对其重视程度不够。各部门间缺乏信息的整理沟通，清查盘点工作流于形式，企业无法掌握固定资产的准确信息，容易出现固定资产公为私用的情况。当企业想要合理利用固定资产的时候，往往会因为固定资产盘点不全面而无从下手。

4. 闲置资产调剂和处置不及时

企业闲置的无人处理的资产既无法为企业带来价值，又浪费了企业的仓储资源。企业需要设置专人管理闲置资产，部分还有使用价值的资产要进行及时的维护和修理；没有使用价值的限制资产要及时报废，添补新的可用资产，保证业务的有序运转。

第 7 章

进阶分析二：正确分析仓储数据

企业将库存管理中产生的各项数据称作仓储数据。仓储数据内容丰富，包括库存数量、库存种类、仓库利用情况等。对仓储数据分析有助于企业及时处理滞留物、提高库存使用率、降低库存成本。

通过对企业仓储数据进行分析，数据分析师能够帮助企业实现库存的合理配置，企业能够及时查漏补缺，最大限度地利用仓库。

7.1 仓储资源利用程度分析

企业利用传统的仓储管理方式，往往会遇到很多问题。例如，仓库管理混乱，有的产品明明显示在库却找不到；库存无法得到正确的统计，导致仓库与企业业务部门衔接出现问题。面对这些问题，企业必须通过数据发现问题，创新仓库使用方式，使仓库的作用最大化。

7.1.1 地产利用效率

地产利用率=（仓库建筑面积÷地产面积）×100%，它被用来衡量仓库每单位面积的营业收入。

案例： 某企业的仓库建筑面积为 12000 平方米，而它的地产面积只有 4000 平方米，则该企业的地产利用率为：12000÷4000×100%=300%。

这里需要注意的是，仓库的建筑面积是指建筑物各层水平面积之和，包括使用面积、辅助面积、结构面积三个部分。使用面积是指建筑物各层平面中用于生产和生活的净面积，如居住建筑物中的卧室部分的面积。辅助面积是指建筑物各层平面中用于辅助生产和生活的净面积，如居住建筑物中的楼梯、厕所、厨房所占的面积。结构面积是指建筑物各层平面中墙、柱等结构所占的面积。

例如，一栋三层高楼，每一层的使用面积为 80 平方米，厕所灯辅助面积为 40 平方米，而梁、柱等结构面积为 9 平方米，最后总的建筑面积为：（80+40+9）×3=387 平方米。

7.1.2 仓容利用率

仓库面积利用率=（仓库可利用面积÷仓库建筑面积）×100%，它被用来衡量厂房是否面积恰当，是否需要更换地方。

例如，某企业的仓库可利用面积为 8000 平方米，而它的仓库建筑面积为 12000 平方米，则该企业的仓库面积利用率为：8000÷12000×100%=66.7%。

这里需要注意的是，仓库可利用面积是指仓库中可以存放产品的面积，对于不能存放产品的面积不计算在内。假如一个仓库有两层，那么楼梯部分不可以计算在仓库可利用面积之内。

仓容利用率=（库存商品实际数量÷仓库应存数量）×100%，它被用来衡量仓容利用率与单位面积仓库存放量。

案例：某企业的库存商品实际数量为 5000 个，而它的仓库应存数量为 10000 个，则该企业的仓库利用率为：5000÷10000×100%=50%。

库存商品实际数量是指企业仓库中现有货物的存放量，仓库应存数量是指仓库设计时可容纳的最大货物量。

7.1.3 有效范围

有效范围=库存量÷平均每天需求量，它被用来衡量库存量是否保持在合理的范围内。

案例：某企业一个星期的库存量为 5000 个，而它连续一个星期每日的需求量分别为 101 个、93 个、108 个、98 个、85 个、107 个、108 个，则该企业的仓库有效范围为：5000÷{(101+93+108+98+85+107+108)÷7}=50。

数据分析师应定期计算仓库的有效范围。只有合理地使用仓库，使库存始终保持在有效范围内，才能在提供高服务水平的同时降低成本的投入。同时，当企业了解到库存量的变化时，可以有效依据库存量进行生产或销售的政策变化。

7.1.4 设备使用情况

设备完好率=（期内设备完好台数÷同期设备总数）×100%，它被用来衡量物流中心设施装备的配置是否合理。

案例：某企业三个月内设备完好台数为 5000 个，而它的同期设备总数为 10000 个，则该企业的设备完好率为：5000÷10000×100%=50%。

设备利用率=（设备实际工作时数÷设备工作总时数）×100%，它被用来衡量设备管理的水平。

案例： 某企业半年内的设备实际工作时数为 3000 小时，而它半年内的设备工作总时数为 6000 小时，则该企业的设备利用率为：3000÷6000×100%=50%。

以上是仓储资源利用程度的指标体系，这些指标是仓储管理中的重要数据依据，在提高仓储管理水平方面有着不可替代的作用。

7.2 仓储服务水平分析

企业的仓储服务系统是否完善决定了企业是否有良好的仓储服务水平。因此，必须要提防各环节失误对仓储服务产生影响。如一些突发因素造成的缺货、货损等问题，仓库都要提前设置应急备案；对于某些季节性销售的产品，数据分析师要做好分析，确定其销售旺季，保证充足备货。仓储数据的全面性，可以使仓储服务系统升级完善，因此仓储服务也处在一个较高的水平。

7.2.1 缺货率与准时交货率

缺货率=（缺货次数÷顾客订货次数）×100%，它被用来衡量存货控制决策是否妥当，是否需要相应地调整订购点与订购量的依据。

例如，某企业一天的缺货次数为 15 次，而它一天内的顾客订货次数为 500 次，则该企业的缺货率为：15÷500×100%=3%。

一般而言，缺货发生的原因可能由于存货过少，或库存货资料不正确，采购不及时，供应商交货过晚，库存与客户需求不一致等。通过对缺货率的计算，企业可以判断某商品销售的淡旺季，提前在产品销售旺季来临之前充足备货，提高企业销售效率与销售额。

准时交货率=（准时交货次数÷总交货次数）×100%，它用来反映发货的及时性。

例如，某企业准时交货次数为 2000 次，而它总交货次数为 2500 次，则该企业的准时交货率为：2000÷2500×100%=80%。

通过对企业准时交货率的计算，可以确定企业物流效率。准时交货是企业信誉的体现，企业应追求 100%的准时交货率。另外，企业可以从准时交货率倒推生产环节中出现了哪些问题阻碍了产品未能及时交货，不断提升企业生产效率。

7.2.2 货损、货差赔偿费率

货损、货差赔偿费率=（货损、货差赔偿费总额÷同期业务收入总额）×100%，它是被用来反映出货作业的准确度的数据。

货损、货差赔偿费率越低，企业获得的利润就越高。降低货损赔偿费率可以从探求货物损坏的原因入手，有针对性地采取不同方法进行严格包装。降低货差赔偿费率则需要企业不断进行业务创新，不断提高产品质量，满足用户需求。

例如，某企业半年内的货损、货差赔偿费总额为 10 万元，而它的同期业务收入总额为 200 万元，则该企业的货损、货差赔偿费用为：10÷200×100%=5%。

7.2.3 顾客满意度

顾客满意程度=（满足顾客要求数量÷顾客要求数量）×100%，它被用来判断仓储服务的体系是否健全，是否能够最大限度满足用户要求。如果该指标过低，不外乎以下几方面原因：产品品质不良、服务态度不佳、交货时间过晚与同行业比较管理水平有差距、用户本身具有一定的问题等。

例如，某企业两个星期内满足顾客要求数量为 1000 次，而它两个星期内的顾客要求数量为 1500 次，则该企业的顾客满意度为：1000÷1500×100%=66.7%。

如果用户对企业服务的满意程度较高的话，一般情况下是不会对企业提出额外的要求。用户会出现购买行为，是因为他们认可企业的产品。仓储运输环节是企业与用户交易除售后环节外的最后一个环节，当企业在仓储服务方面懈怠，给用户留下不良印象，顾客满意度就会下滑，给企业与用户接下来的合作带来影响。

这些指标是仓储服务水平指标体系的核心依据，在提升仓储管理的服务满意度方面起着不可替代的作用。

7.3 仓储绩效评价分析

仓储绩效评价是指在一定时期内企业利用指标对经营效益、业绩、服务水平等方面进行评价，以便加强仓储管理工作，提高管理的业务、技术水平。数据分析通过采集各个指标进行系统周密的分析，有助于企业了解其他企业的仓储现状，发掘高效利用仓储的规律，发现企业自身存在的仓储问题，把握发展趋势。通过对仓储绩效的评价分析，能够透过现象，挖掘本质，认识内在规律，使企业仓储水平提高，获得更多的经济效益。

7.3.1 七大仓储绩效评价原则

仓储绩效评价规则的制定有利于仓储管理水平的提高，有利于落实仓储管理的责任制，有利于推进仓储设施的现代化改造，有利于提高仓储的效益能力。为了仓储绩效评价工作的顺利进行，确保指标能够起到应有的作用。企业在制定绩效指标时必须遵守以下原则。

1. 多角度原则

仓储绩效容易受到员工、收入、产品、信息等各种因素及多因素组合效果的影响。因此对于仓储绩效的评价需要从多个角度出发，不能只考虑单一因素，这样才能全面、客观地对仓储绩效做出评价。

2. 可操作性原则

指标设计需要尽量与现有统计资料兼容；注意指标含义的准确度，避免出现误解与歧义。此外，还需要考虑指标数量是否恰当，指标会不会重复。通过加强仓储绩效评价指标在这些可操作性方面的能力，确保企业对仓储绩效的评价公平公正。

3. 通用性原则

企业所设计出的仓储绩效评价指标应该具有通用性。既能对某一方面重点考核，又能对其他的方面进行大致上的评价。

4. 科学性原则

科学性原则要求设计的仓储绩效指标能够反映仓库生产的所有环节和活动要素。

5. 协调性原则

协调性原则要求仓储绩效指标各项指标之间既具有一定的联系，同时又相互制约，但不能出现重复与矛盾。

6. 可比性原则

在对仓储绩效指标的分析过程中需要对同一指标进行比较对比。如今年的指标与去年的指标相比，与同行业相比。

7. 稳定性原则

指标一旦确定以后，在一段时间以内，不宜经常修改。可以经过一段时间的试用总结之后，再继续完善。

进出货效率评价分析

进出货作业效率可以从以下三个方面衡量，如图 7-1 所示。

图 7-1　进出货作业效率的三个衡量方面

1. 站台利用率

站台利用率是用来衡量每单位时间的仓库有效利用率的数据。站台利用率的计算公式为：

站台利用率=进出货车装卸货停留总时间÷（站台泊位数×工作天数×

每天工作时数）×100%

例如，某企业一个星期内进出货车装卸货停留的总时间为 50 个小时，而它一个星期内的工作天数为 5 天，每天工作时间为 8 个小时，站台泊位数为 5 个，则站台利用率为：50÷（8×5×5）×100%=25%。

2. 站台高峰期

站台高峰期是用来衡量进出货作业的效率程度的数据。站台高峰期的计算公式为：

站台高峰期=高峰车数÷站台泊位数

例如，某企业的高峰车数为 12 辆，而站台泊位数为 4 个，则站台高峰期为：12÷4=3 辆/个。

3. 人员负担和时间耗用

人员负担和时间耗用是用来衡量进出货作业的效益收入及人工、时间成本的数据。人员负担和时间耗用的计算公式为：

每人每小时处理进货量=进货量÷（进货人员数×每天进货时间×工作天数）

每人每小时处理出货量=出货量÷（进货人员数×每天进货时间×工作天数）

例如，某企业的员工平均每个星期处理的进货量为 240 件，员工平均每小时处理的出货量为 300 件，进货的人员数为 5 个，每天进货 6 个小时，每周工作 5 天，则

每人每小时处理进货量为：240÷（6×5×5）=1.6 件/小时；

每人每小时处理出货量：300÷（6×5×5）=2 件/小时。

7.3.3 储存作业评价分析

储存作业评价分为两个方面，如图 7-2 所示。

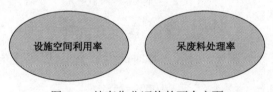

图 7-2　储存作业评价的两个方面

1. 设施空间利用率

设施空间利用率的具体绩效评价指标包括储区面积率、可供保管面积率、储位容积使用率、单位面积保管量和平均每品项所占储位数。

（1）储区面积率

储区面积率是衡量企业仓库空间的利用率是否恰当的指标。储区面积率的计算公式为：

储区面积率=储区面积÷物流中心建筑物面积×100%

（2）可供保管面积率

可供保管面积率是判断储区内通道规划是否合理的指标。可供保管面积率的计算公式为：

可供保管面积率=可保管面积÷储区面积×100%

（3）储位容积使用率/单位面积保管量

储位容积使用率和单位面积保管量是判断储位规划及使用的料架是否适当的指标。储位容积使用率/单位面积保管量的计算公式为：

储位容积使用率=存货总体积÷储位总容积×100%

单位面积保管量=平均库存量÷可保管面积×100%

（4）平均每品项所占储位数

平均每品项所占储位数是以每储位保管品项数的多寡来判断储位管理策略是否应用得当的指标。平均每品项所占储位数的计算公式为：

平均每品项所占储位数=料架储位数÷总品项数×100%

2. 呆废料处理率

一般仓库中出现呆废料的原因有以下几种：

（1）验收疏忽；

（2）产品变质；

（3）仓储管理不善，保管欠妥当；

（4）存量过多、过久；

（5）变更设计或企业产品结构的变化（出现新物料，致使旧物料废弃不用）；

（6）废弃包装材料，经济价值较低，经常集中一处以废料处理；

（7）订单取消或用户退货；

（8）市场的变化；

（9）采购不当。

呆废料处理率的计算公式为：

呆废料处理率＝（处理呆废料数量÷全部呆废料数量）×100%

它被用来测定仓库的物料损耗对资金周转的影响情况。

例如，某企业的每年处理的呆废料数量多达 300 份，而该企业一年产生的全部呆废料为 500 份，则呆废料处理率为：（300÷500）×100%=60%。

7.3.4 订单处理评价分析

订单处理作业评价分析可以从订单延迟率、订单货件延迟率和紧急订单响应率三个方面进行评估。

1. 订单延迟率

订单延迟率用来反映仓库的订单处理的快慢。订单延迟率偏高，可能是由于企业的管理效率低下、员工验收出现问题等。订单延迟率的计算公式为：

订单延迟率＝（延迟交货订单数÷订单总量）×100%

例如，某企业的一天的延迟交货订单数为 10 份，而订单总量为 500 份，则订单延迟率为：（10÷500）×100%=2%。

2. 订单货件延迟率

订单货件延迟率是用来衡量订单处理作业的服务水平的数据。订单货件延迟率的计算公式为：

订单货件延迟率＝（延迟交货量÷出货量）×100%

例如，某企业的一天的延迟交货量为 50 份，而出货量为 1000 份，则订单货件延迟为：（50÷1000）×100%=5%。

3. 紧急订单响应率

紧急订单响应率是被用来反映企业的危机处理速度的数据。如果企业的紧急订单响应率过高，则可能给企业带来一定程度上的收益损失。紧急订单响应率的计算公式为：

紧急订单响应率=（未超过 12 个小时出货订单÷紧急订单总量）×100%

例如，某企业的未超过 12 个小时出货订单为 40 份，而紧急订单总量为 120 份，则订单货件延迟为：（40÷120）×100%=33.3%。

7.3.5 装卸搬运评价分析

装卸搬运效率指标包括五个方面，如图 7-3 所示。

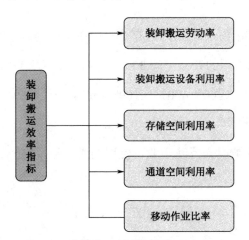

图 7-3　装卸搬运效率指标的五个方面

1. 装卸搬运劳动率

装卸搬运劳动率被用来衡量货物搬运的工作效率的情况。装卸搬运劳动率的计算公式为：

装卸搬运劳动率=（装卸搬运作业人数÷作业总人数）×100%

例如，某企业装卸搬运作业人数为 20 人，而作业总人数 50 人，则装卸搬运劳动率为：（20÷50）×100%=40%。

2. 装卸搬运设备利用率

装卸搬运设备利用率常与装卸搬运劳动率一起作为衡量企业货物处理能力的指标。装卸搬运设备利用率的计算公式为：

装卸搬运设备利用率=（每小时搬运单元数÷每小时理论生产量）×100%

例如，某企业每小时搬运单元数为 90 台，而每小时理论生产量为 150 台，则装卸搬运设备利用率为：（90÷150）×100%=60%。

3. 存储空间利用率

存储空间利用率被用来衡量企业可使用的剩余空间，存储空间利用率的计算公式为：

存储空间利用率=（已占用的存储空间÷可用的总空间）×100%

例如，某企业已占用的存储空间 300 平方米，而可用的总空间为 600 平方米，则存储空间利用率为：（300÷600）×100%=50%。

4. 通道空间利用率

通道空间利用率被用来反映企业可使用的通道剩余空间的情况。通道空间利用率的计算公式为：

通道空间利用率=（通道占用空间÷总的可利用空间）×100%

例如，某企业通道占用空间 400 平方米，而总的可利用空间为 600 平方米，则通道空间利用率为：（400÷600）×100%=66.7%。

5. 移动作业比率

移动作业比率被用来衡量企业的移动作业强度的情况。移动作业比率的计算公式为：

移动作业比率=（移动数量÷生产性作业的数量）×100%

例如，某产品移动数量 600 个，而生产性作业的产品数量为 3000 个，则移动作业比率为：（600÷3000）×100%=20%。

第 8 章

进阶分析三：正确分析营销数据

在大数据时代,利用数据可以让一切营销方式可视化,企业的营销活动也将会更加系统化、标准化。企业必须清楚了解企业经营现状分析、企业销售情况分析和用户相关指标分析三个方面的数据,这些数据可以更好地指导企业的营销活动。

8.1 企业经营现状分析

企业的经营现状分析是必不可少的。它通过对自身与外部市场环境的分析,帮助企业明确企业自身所处的发展阶段和在市场中的占有率。帮助企业预测行业未来发展趋势,判断未来可能遇到的风险,为企业决策提供依据。企业通过对风险的预估可以合理规避风险,保障企业稳定发展。

8.1.1 市场占有率

市场占有率是指某企业某种品类或某一产品的销售量在市场同品类或同类产品当中所占比重。市场占有率反映企业在市场上的地位。通常，市场占有率越高，企业竞争力越强。

市场占有率有两个方面的特性：数量和质量。

提起市场占有率，首先想到的是市场份额的大小。但市场占有率的大小只是市场占有率在数量方面的反映，是市场份额在宽广度方面的体现。市场占有率还有另外一个质量方面的特征，是对市场份额优劣的反映，是市场份额在纵深度方面的体现。市场占有率数量分析一般有两类表示方法：一类是用企业销售占总体市场销售的百分比表示，另一类是用企业销售占竞品销售的百分比表示。

市场占有率质量分析是为了帮助企业了解市场占有率能够给企业带来利益的总和的情况。这个利益除了现金收入，还包括无形资产增值所形成的收入。评价市场占有率质量的方式主要有两个：一个是顾客满意率，另一个是顾客忠诚率。顾客满意率和顾客忠诚率越高，企业市场占有率质量也就越好。

经过近十年的努力奋斗，国内用户恢复了对国产奶粉的信心，国产奶粉品牌飞鹤奶粉已经超过了所有外资品牌，成为中国婴儿奶粉市场上销量第一的奶粉品牌。截至 2020 年 4 月，飞鹤在中国婴幼儿配方奶粉市场的市场占有率为 14.1%。

企业的高市场占有率离不开用户对其品质的信任，飞鹤奶粉实现了全产业链数据透明化，用户能够随时查看奶源，放心购买其产品。飞鹤奶业对奶粉生产的每个环节都进行了信息化改造，奶牛、饲料要打上标签，工人的工作过程、工作结果数据随着人员操作信息、时间节点同步到数据系统中。

飞鹤奶业因为实现了全产业链，因此每个环节都会产生大量信息数据。飞鹤奶业及时利用数据分析系统，对生产以外的其他环节，如仓储环节、物流环节等进行有效的管控。

正是由于飞鹤奶业全面地利用了数据收集与分析工具，实现了对产品的全链条可追溯与食品安全的数字化管理，完成了企业系统数字化、透明化、服务化的升级，才能取得中国奶粉市场占有率第一的成绩。

8.1.2 利润分析

企业业务利润分析是从整体市场角度分析企业行为对业务利润的影响。数据分析师通过对企业利润的分析，帮助企业在了解整体市场中企业的获利能力及预测市场的变动趋向的基础上，通过分析结果为决策者提供决策依据。

在数据分析师进行利润分析之后，应当整理出利润表附表。企业的利润表由会计部门进行整理，而利润表附表则由数据分析师完成。通过利润表附表，企业可以了解自身业务结构和收支结构，分析与评价各分部业绩成长对企业总体效益的贡献等。

1. 业务分部的增减变动分析，可以利用水平分析法

水平分析法主要是指对各业务分部营业利润的上下变动情况进行原因分析，主要通过营业收入、销售成本的变动寻找营业利润上下变动的原因。

2. 业务分部的结构变动分析，可以利用垂直分析法进行

垂直分析法通过计算各因素在企业收入中所占的比重，分析各业务分部的财务成果的结构及上下变动的原因，比较各业务分部的盈利能力。

例如，某企业有业务 A、业务 B 和业务 C 三项业务，其中，业务 A 给企业带来的利润率很低，在 2020 年年初，企业因为新型冠状病毒性肺炎疫情的影响，所以出现了资金紧张的状况。于是企业考虑削减一项业务，因此，该企业要求数据分析师小贾帮助企业做出决策。

数据分析最直接的作用就是帮助企业分析业务收益情况，从而判断哪些业务应该做出调整，这种判断是依据对数据的分析而得出的。

2020年之前，企业如果进行业务削减，那么主要关注的是业务的利润情况。利润率高的业务自然会得到重点投入，利润率低的业务A将被淘汰。

但小贾发现，2020年新型冠状病毒性肺炎疫情爆发以后，企业资金紧张，需要更多地回收款项，于是小贾依据回收款项速度的不同确定企业业务的优先级。业务A虽然利润率在三项业务中是最低的，但这项业务的回收款项速度最快，那么业务A非但不能削减，反而应该增加该项业务的投入，从而帮助企业渡过难关。

利润分析是企业应该非常注重的数据，但是企业的决策不能只依靠内容分析，必须结合整体市场情况对利润进行评估分析，帮助决策者做出决策，才是数据分析师的职责。

8.1.3 成本分析

在企业的管理过程中，经常会遇到成本浪费的问题。企业利用传统方法降低成本具有一定盲目性，效果往往不佳。而利用数据分析对企业业务全流程进行成本分析，能够最大限度地帮助企业降低成本。

1. 采购环节

在企业的采购环节管理中，常常会遇到两种导致采购成本高的问题。

第一种问题是：采购人员没有合理的采购计划，只知道大概的采购时间和采购数量。这不仅会浪费采购资金，而且有时因为采购部门与生产部门对接不佳，导致原材料迟迟无法供应，影响企业的生产效率。

对于这个问题，数据分析师可以通过把握平均采购频率、平均库存持有天数、最新采购频率、平均采购量进行分析，帮助采购人员确定采购计划。

平均采购频率与平均库存持有天数表示企业原料采购与消耗之间的关系，平均采购频率与平均库存持有天数的比值越小，越容易造成库存积压。数据分析师要把握好二者之间的关系，制订合理的采购计划，及时提醒采购部门进行原料采购。

最新采购频率体现了企业最新的采购频次，平均采购量体现了企业每次采购时的采购数量。数据分析师要结合二者进行分析，得到最合适的采购频次和采购量，这样既能减少采购频次和采购人员工作量，又能充分利用仓库保证生产。

通过对这些数据进行统计分析，数据分析师能够分析出企业的采购环节是否高效，并帮助企业降低资金成本与时间成本。

第二种问题是：采购人员选择供货商往往都凭借自身经验，缺乏全面的供货商数据。很容易遇到供货商"杀熟"的情况，造成采购资金的浪费。

企业可以利用数据分析手段对市场上的多家采购商进行对比分析，找到交货及时、质量过关的供应商，与其商定长期合作，取得更优惠的价格，从而降低采购成本。数据分析师可以利用采购环节中的多项数据指标，帮助企业从宏观角度制订更加完善的采购计划，并进一步达到降低采购成本的目的。

2. 物流环节

"物流冰山学说"最早由日本早稻田大学的西泽修教授提出，这个学说力图证明企业内部的物流费用远远大于向外部支付的物流费用。这个结论现在被认为是有一定道理的，许多企业都将车辆、仓库、包装、卸货等各项支出列入物流费用中。

物流费用集中管理使数据分析师能够更加直观地分析物流环节的成本情况，数据分析师可以多维度、多层次地综合分析物流支出数据。例如，某企业在数据库中增加了物流管理模块，将属于物流管理模块的燃料费进一步细分为各仓库和车间所用燃料，通过对燃料费的支出情况进行统计，分析出每个月燃料费的构成。数据分析师可以通过数据分析查看哪个仓库使用燃料最多，并且可以查看燃料费的同比、环比等数据图，从而判断燃料是否存在浪费问题，能否进一步节约燃料支出。

3. 生产环节

企业生产环节的成本降低一定要谨慎。产品是企业立足的根本。如果为了降低生产成本，盲目削减生产环节支出，很容易导致产品质量出现问题。因此企业在生产环节降低成本时一定要慎之又慎。

企业生产环节往往存在成本归集不清和成本分析不清的问题。成本归集不清的问题可以通过建立企业信息数据库来解决，将所有资产统一归档，随时查询；成本分析不清的问题可以由数据分析师进行产品原材料与人工费用的比值分析，优化成本结构，指导成本预测，从而帮助企业降低生产成本。

在数据分析师眼里，用户的行为、商品的属性都代表着海量的数据。对这些属性进行最大限度的利用，可以帮助企业降成本、涨效益。

8.2 企业销售情况分析

企业销售情况对企业发展来说至关重要。企业销售情况不佳，就无法继续维持经营，甚至可能出现发不出工资，需要裁员的情况。依据对销售情况进行分析的结果，数据分析师能够及时找出企业销售环节存在的问题，帮助企业取得更好的销售成绩。

8.2.1 现金流

餐饮行业是非常依赖现金流的行业。2020 年年初，突如其来的新型冠状病毒性肺炎疫情给很多企业"上了一课"。如老乡鸡不得不将武汉地区 100 多家门店闭店，至少损失 5 亿元；外婆家也陷入了资金流断裂的情况，企业每天都要支付员工工资 250 万元，疫情原因无法开工，只能苦撑 2 个月；拥有 400 多家餐厅的西贝餐饮，2020 年春节前后损失营收 7～8 亿元，而 2 万多名员工一个月支出在 1.5 亿元左右。

不是只有大企业才需要做现金流预测。大企业就像是大型飞机，资金充足，可以负载较重的压力。而小企业就像是汽车，虽然不必像飞机一般防护到位，但是至少要保证车辆能够正常运转。正是因为中小企业的财力有限，才更需要进行数据分析，将有限的资源实现最优化的配置。

对同样的一组数据进行数据分析，分析的角度不同、深度不同，得出的结论也会不同。如 A 企业将企业的销售数据交于甲、乙、丙三个数据分析师进行分析，三人得出了完全不一样的结果：

甲：产品相较于上个月，本月销售额略有下降，应减少生产。

乙：产品销售额环比下降 8%，但较竞争对手仍然领先 2 个百分点，企业应继续保持对产品的投入和宣传，刺激用户消费。

丙：产品近三个月销售额增长率为：-15%、-10%、-8%。虽然销售增长率整体仍为下降趋势，但究其原因主要是线下销售受到了疫情的影响，而产品线上业务稳步、大幅提升。说明本产品的竞争优势仍然存在，下一步可以减少线下投入，进一步优化线上的新用户转化流程。

优秀的数据分析师能够帮助企业做好资金预测，发现成本中有哪些地方可以削减，哪些地方应该加大投入。数据分析师应该帮助企业将每一分钱最大化其利用效果，帮助企业获得更大的利益，实现企业的长久运营。

8.2.2 毛利率

库存投资毛利率反映了产品进销毛利的高低。如果将库存周转率与产品的销量挂钩，那么产品的毛利率与周转率之间相乘的结果便代表着库存投资毛利回报率的高低。

库存投资毛利率的计算公式为：

库存投资毛利率=（销售收入×毛利率）÷平均库存额

这其中涉及一个概念——毛利率，它是指毛利占销售收入的百分比。毛利是指销售收入与销售成本的差额。

销售毛利率的计算公式为：

销售毛利率=（销售毛利÷销售收入）×100%

=（销售收入-销售成本）÷销售收入×100%。

其中，销售收入=销售量×单位售价；销售成本=销售量×单位成本。

例如，已知某企业生产面点的原材料共花费 5600 元，产品销售额为 10400 元。则该面点产品销售毛利率为：

销售毛利额=销售额-产品成本=10400-5600=4800（元）

销售毛利率=销售毛利额÷销售额×100%=4800÷10400×100%=46.2%

从上述公式中可以看出，增加销售收入或降低生产成本都可以提高毛利率。

同时，产品价格能够影响销售数量，从而影响销售收入。销售毛利率反映了销售收入减去销售成本后，有多少钱能够用于这期间的费用支出，并最终形成利润。销售毛利率是销售净利率的基础，如果一个产品的毛利率不够大，那么企业便很难盈利。

销售毛利率越高，说明企业销售成本与销售收入净额的比值越小，在其他费用支出不变的情况下，企业的营业利润就越高。毛利率具体的用处体现在以下三方面。

1. 有利于判别企业盈利能力

企业盈利能力是反映企业价值的一个重要方面。而在分析盈利能力时，销售毛利率便是一个不可忽视的因素，它是企业重要的经营指标，能反映企业产品的竞争力与获利潜力；它也是企业净利润的基础，毛利率低便意味着不能有较多的盈利。

2. 有助于评价员工经营业绩

大多数企业员工的薪酬要和自身的业绩相关联。如果某员工提高了产品毛利率，就表示企业的利润有所提高。因此，毛利率可以作为衡量员工经营业绩的指标之一。企业可以据此制定薪酬激励政策，以便充分调动员工的工作积极性。

3. 有助于发现企业潜在的问题

通过毛利率的变动，可以反映出企业近期的经营状况，从而找出企业潜在的经营问题。

毛利率是库存投资毛利回报率的基石，毛利率的多少影响着库存投资毛利回报率的高低。在其他条件不变的情况下，毛利率越高，库存投资毛利回报率越高；反之亦然。

8.2.3 产品销售收入

对产品销售收入情况的分析，可以从以下三个方面展开。

1. 拆解问题，进行细分

指通过数据分析，根据不同维度将影响因素拆解，找到不同的影响因素，帮助决策者进行产品决策。可以利用 6W2H 的方法对影响因素进行细分。

What：企业销售的是哪种类型的产品？可以进行更细一步的探究，如企业卖得最好的产品是什么？卖得最不好的产品是什么？只有对问题进行细分，才能够进行下一步的分析，了解销售收入变动原因及判断之后的趋势。

Who：从内外两个因素考虑，内部是哪几个部门负责销售这款产品，外部可以分析相关竞品在市场上的销售情况。

Whom：知己知彼才能百战不殆，通过对用户的研究，了解产品面向的用户类型。通过对用户类型进行详细分析，如通过对消费层次、采购频次和需求程度等内容的探究，了解消费群体，为后期营销方案的制定提供参考。

When：探究用户的购买时间分布有何规律，体现在销售额中就是哪段时间是销售旺季。

例如，某企业是一家生产运动衣的企业，一般来说夏季是泳衣的销售旺季，但近年来冬季泳衣的销售数据也非常亮眼。于是该企业委托数据分析师进行分析调查，依据数据分析师的调查结果，企业发现原来是因为冬季温泉市场火热，泳衣的销售也乘了东风，销售额实现了大幅增长。该企业依据这条数据分析结果，适时在冬季推出了日式浴衣系列泳衣，不仅深受用户欢迎，许多温泉旅馆也进行了批量采购，企业冬季泳衣销售又上了一个新台阶。

Where：用户会在哪里购买。因为互联网技术的普及，网购成为用户最新的选择渠道，但用户不只在传统电商网站如淘宝、京东购买商品，许多非电商网站，如抖音、小红书，它们的带货功能也非常强大，用户可以直接从抖音平台进行购买。数据分析师在统计用户购买渠道时一定要全面，才能帮助企业制订接下来的营销计划。

Why：用户的购买动机。用户的消费场景、用户的痛点、环境因素等都刺激了用户的购买欲望，都可以影响用户的购买行为。

How：用户如何购买。用户的支付方式更偏好于哪一种，货到付款还是先付款后发货？喜欢先付款后发货的用户中，是更偏爱选择微信支付还是支付宝支付，或者银行卡支付？企业可以依据支付方式占比不同推出一系列活动。例如，腾讯针对用户支付方式的选择推出了"微信支付赢免单"的活动，用户用微信支付后，可以"摇一摇"赢取免单机会。

How Much：用户可以接受的购买成本。依据销售收入，企业可以分析出市场是否认可产品定价，上调或下调定价将会怎样影响销售情况，哪种定价策略更有利于扩大销售额？这都是数据分析师需要完成的任务。

2. 通过对比，寻找弱点

数据分析师对同一问题的相关数据进行比较分析，可以帮助企业更清晰地了解业务现状，找到业务中存在的薄弱环节。数据分析师可以利用建立参照系的方法，根据投入与产出的比值来判断产品的销售情况是否乐观，依据企业的经营目标和经营策略决定是需要先加大投入还是先补足短板。

如果企业看好某项销售成绩不佳的项目的发展前景，且企业未来发展思路是多头并进，那么数据分析师就可以得出结论：接下来应该要努力提高这项销售业绩不佳的项目，将其作为提升总体销售额的突破口，实现企业销售收入增长的目标。

3. 追根溯源，有效解决

企业利用鱼骨图把一条销售链上所有可能涉及的问题都整理一遍，就能找到问题的源头，有效解决问题。

例如，电商投放信息流广告，销售效果却不佳，可以利用如图 8-1 所示的电商分析鱼骨图进行原因追溯。

通过分析整理可以发现，电商投放环节有 6 块内容，分别是选款、定价、定向、后端、落地页和创意。

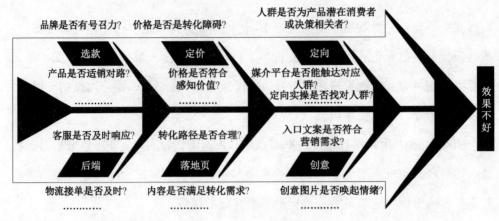

图 8-1　电商分析鱼骨图

这里的每一小步都可以继续深究问题所在，完成销售转化。以选款为例，数据分析师可以通过分析产品所在的行业竞争关键是什么，产品是否适销对路，产品的线上转化门槛是否太高等问题，发现问题并帮助企业进行决策。

产品销售收入数据只能表示企业的销售额。但数据分析师将这个数据代入到具体的商业背景中，通过细分、对比、追究原因，就能解读其中蕴含的商业价值。

数据分析师在实际中遇到的问题肯定会比上述的案例更复杂，但是解决问题的基本思路和方法是一致的。对于销售收入情况分析，应该从大处着眼，从小处着手，分条缕析，追究其深层原因，一切数据分析工作都是为了帮助企业达成商业目标。

8.2.4　筛选合适的零售商

当市场庞大、用户众多时，企业往往会因为销售力量不足或资金及销售经验有限，选择借助专业的销售机构完成商品的广泛零售。和零售商合作不是一锤子买卖，而是一个长期的合作，零售商的资质会影响产品在用户心目中的形象，因此对于企业来说，选择合适的零售商非常重要。

"壁上行"是一种来自日本的小玩具，它物如其名，是一种用塑料制成的小章鱼，如果将它们扔到墙壁上，它们就会一条腿压着另一条腿顺着墙慢慢走下来。

CBS 晚间新闻报道了这一玩具，一时间"壁上行"在美国家喻户晓。肯·伯田（Ken Hakuta）拿到了日本制造商的"独家许可"，决定进入美国市场销售这种玩具。他知道对于这种一夜爆红玩具来说，销售时间是最重要的。企业应该利用群众超常的消费需求，在最短的时间内让尽可能多的"壁上行"玩具走进尽可能多的商店。

为尽快完成大规模分销，肯将这种小玩具推销给零售商，而非选择使用企业的销售小组。零售商发动整个分销体系，迅速将产品送达渴望购买"壁上行"的用户手中。

利用零售商进行系统分销给肯带来了非常客观的利润，他在不到一年时间里销售了两亿多个"壁上行"，在仿制品占领市场之前就充分利用巨大的市场需求，获利总额比使用自有销售力量所能得到的利润要高得多。

零售商的选择有如图 8-2 所示的四条原则。

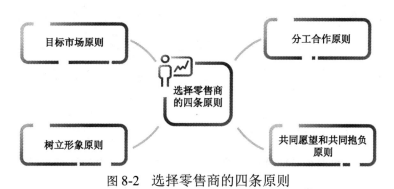

图 8-2　选择零售商的四条原则

1. 目标市场原则

企业选择一个零售商，建立新的零售渠道，是为了将自己的产品更顺利地打入目标市场，让那些需要产品的用户能够及时、方便地购买。依据这个原则，数据分析师应注意零售商是否在目标市场拥有销售渠道和销售场所，确保企业产品顺利销售。

2. 分工合作原则

零售商应当在经营方向和零售能力方面符合企业建立零售渠道功能的要求。一般来说，对于那些价值高、品牌吸引力较大、能提供较完善的售后服务的商品，专业的连锁销售企业销售能力较强；对于中低档次的产品，各种小商店或者便利店有较强的销售能力。只有在经营方向和零售能力符合要求的零售商的销售支持之下，企业才能形成一条完整的销售路径。

3. 树立形象原则

在一个划分范围较细的市场中，企业应当选择拥有较多固定用户的零售商，这种零售商在用户心目中往往具有较好的形象，能够帮助企业树立品牌形象。

4. 共同愿望和共同抱负原则

利用零售商进行多级分销，不仅方便了生产厂商和用户，零售商也能从中获利。销售渠道作为一根整体的链条，将零售商和企业连接起来，只有链条上的各个成员同心共力，具有合作精神，才能建立起一条畅通运转的销售渠道。在选择零售商时，企业要注意分析零售商合作的意愿是否强烈，只有双方精诚合作，才能实现共同繁荣。

在选择零售商之前，数据分析师要依据上述原则对可供选择的零售商进行全面调查和分析。利用企业的相关资料、市场调查等数据进行详细的调查。零售商是企业长久的合作伙伴，必须对其经营方式、发展潜力等信息了解清楚，才能及时、顺利地将产品送达到更多的用户手中。

8.3 用户相关指标分析

用户对产品的体验和感受可以帮助企业制订更适合自身的发展规划，进一步改善用户服务、优化用户体验。对于用户的特征和需求，企业需要从哪方面着手分析？以下将从新产品购买情况、用户获取难度、用户满意程度、盈亏平衡分析四个角度着手，帮助企业掌握大数据体系下用户的特点及用户的分析方法。

8.3.1 新产品购买情况

企业对于产品的运营，在推广之初，需要进行一个深度分析。如用户会喜欢这次的新产品吗？企业要怎么做才能吸引用户购买新产品呢？

新产品想要打开市场，需要注意如图 8-3 所示的四个要点。

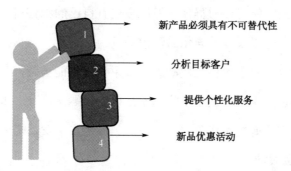

图 8-3　新产品打开市场的四个要点

1. 新产品必须具有不可替代性

企业需要依据市场要求，避免与其他企业生产出相似的产品，对市场上已有的产品进行简单的复制改造，企业是无法实现长久发展的。企业应差异化地研发产品，使产品具有不可替代性，并将差异化特点作为产品的亮点与卖点，快速抓住市场需求，用差异化和不可替代性打造产品，吸引用户。

日化用品巨头宝洁公司旗下的海飞丝、潘婷、飘柔、沙宣四种品牌的洗发水，通过品牌差异化的宣传手段，向用户传达不同的产品功能信息，这些品牌也凭借自身优势，在市场上各占据了一席之地，如海飞丝强调去屑，潘婷强调滋润保养头发，飘柔强调柔顺，而沙宣强调定型。

2. 分析目标客户

企业需要深度分析产品面向的用户群体，了解用户会在哪些情况下选择使用新产品。

用户属性就像是相亲时提出的条件，企业想要找到自己的目标用户，可以精细化量化用户使用场景，深化用户群体标签，从而获得目标用户。企业还可以依据目标用户的共同特点，进行大规模的营销推广，吸引用户眼球，促使用户产生购买行为。

3. 提供个性化服务

即使企业已经了解了用户群体，但用户也有自己的独特需求。那么面对这些用户群体时，企业可以采取差异化的营销手段。

例如，有的用户对于价格比较敏感，如果价格不能再降，可以赠送其一些小礼品满足他的心理需求；有的用户收入不足以支付购买产品，那么企业可以提供分期免息策略、推荐好友领优惠券等方法，刺激用户消费，提高产品销量。

4. 新品优惠活动

如今，用户可选择的产品太多，早就不是酒香不怕巷子深的时代。什么方法能够快速吸引用户注意力，刺激用户购买企业的新产品呢？

为了能快速打开市场，企业往往都会选择在新发售产品的时候推出优惠活动。新品优惠可以使用户以一个较低的价格得到企业最新技术的产品，对于用户来说具有很大的吸引力。

详细分析用户，不仅能影响企业新产品的开发，还能影响新产品的销售。因此企业在每个新产品发售之前，都应该做好目标用户背景调查，考虑新产品的市场营销布局，使新产品获得更多用户的信赖和支持。

8.3.2 用户获取难度

企业产品或服务最初打入市场时，往往不会第一时间被用户注意到，市场开拓困难重重。但利用数据分析，可以大大降低获取用户的难度，让用户主动接近产品。

阿里巴巴集团拥有着庞大的线上交易体系，如支付宝、淘宝、天猫等，创立多年来积累了海量的用户数据。阿里巴巴集团敏锐地察觉到这些数据的作用，建立了网络数据模型和用户信用体系。

基于用户信用体系，阿里巴巴集团开创了全新的小额贷款模式，实现了商业模式的创新。贷款业务是银行的主要业务之一，但是由于银行审核手续复杂，放贷速度慢，许多中小企业申请贷款时往往要等待较长时间。阿里巴巴集团的小额贷款模式，无抵押、放款快，因此吸引了很多用户主动尝试，小额贷款顺利打开了市场。

以下几种方式可以使用户对企业产生天然的信任感，有助于企业获得用户的信任感，获取用户的难度就会大大降低。

1. 建立熟悉感

通过品牌营销，企业可以更好地推广产品，让产品有更高的知名度和影响力。

品牌营销可以帮助品牌提升其价值及影响力，进而整个企业品牌的升值，更好地树立企业形象，让企业获得更多用户。如果一个企业提前对新产品进行品牌营销，让该品牌在同类产品中有一定的知名度，那么业务人员在对产品进行推销时，会更容易让用户接受和选择新产品。

2. 树立专家形象

如图 8-4 所示，日本 HHKB 键盘是专门为程序员所设计的键盘，程序员日常的工作与键盘息息相关，因此他们对键盘的要求极高。HHKB 键盘大胆选择程序员为受众群体，在键位布局、键盘材质、整体设计等方面对键盘进行了全方位的优化，树立起品牌的专业形象，并大胆使用"程序员心目中的最后一把键盘"作为广告语，带起了"送程序员朋友 HHKB 键盘做礼物"的风潮。

图 8-4　HHKB 键盘

3. 转介绍和客户见证

老用户的口碑是不可小觑的，老用户的一句推荐往往比任何营销手段都要有效。因此，通过产品过硬的质量及品牌营销让用户成为企业忠实的粉丝，自发为企业及企业品牌做宣传，给企业赢得更多的口碑，最终就能达到获取更多用户的目的。

8.3.3　用户满意程度

用户对某样产品感到满意，一定是产品满足了他最基本的需求。就像当一个人在沙漠中走了很久，有一瓶水他就很满意，因为解渴是他目前最基本的需求。但大多数生活在不缺水的城市中的人，可能更青睐有滋味的奶茶、咖啡等饮料，因为好喝是他们目前最大的需求。

数据分析师要做的就是发现用户的需求，从而改善产品，满足用户需求。由于互联网的普及，尽管用户的信息数量庞大，但用户数据早已被记录了下来，数据分析师只要通过整理分析就能发现用户的需求。

如图 8-5 所示，美团的智能排序功能可以按照用户的多种需求，如距离、评价、销量、价格等对餐厅进行排序，用户可以依据自己的需求选择排序方式，从而寻找到最符合自己需求的服务。

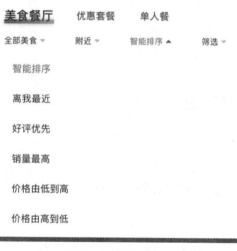

图 8-5 美团智能排序

仅满足用户的基本需求还是不够的，还要使用户忠诚于品牌。有两种方法可以提高用户的忠诚度，一是满足用户的更多需求。例如，上面提到的美团智能排序，如果有一家餐厅既离得近又便宜，还是自己喜欢的口味，绝大多数用户都会第一时间选择这家餐厅。

但是，满足多项需求实际中是很难实现的，那么企业可以采用提高用户转换成本的方法保证用户忠诚度。

小王是甲阅读 App 的忠诚用户，小孙为小王推荐了另一款乙阅读 App，但小王尝试了几天又继续用甲阅读 App。小孙问小王："为什么你又用回甲阅读 App 了呢，是我推荐给你的乙阅读 App 不好用吗？"小王说："不是，是因为甲阅读 App 我保存了很多书，这些内容都无法转移，我已经在书中记了非常多的笔记，实在无法舍弃。"

当然提高用户转换成本不是万全之策，如果产品或服务始终故步自封，那么终将会被市场淘汰。因此数据分析师要及时发现企业业务中的漏洞，帮助企业不断进步，从而更好地满足用户需求。

不是所有用户都愿意填写调查问卷，填写了调查问卷的用户也不一定填写了真实的想法。通过数据分析，企业能发现用户真正的需求，从而优化自身产品和服务，满足用户需求，实现企业成长发展。

8.3.4 盈亏平衡分析

线性盈亏平衡分析是指项目投产后，平常年份的产量、成本、利润三者之间的关系均呈现线性的函数关系，说明项目的收益和成本都随着产品产量变动。盈亏平衡点越低，说明项目抵抗风险的能力越强。

盈亏平衡分析的基本方法是寻找成本与产量、销售额与销售量之间的函数关系，通过对两个函数进行对比分析，找到平衡点。

盈亏平衡分析包括线性盈亏平衡分析和非线性盈亏平衡分析。当产量等于销量且产销量的变化不影响市场销售价格和生产成本时，成本与产量、销售额与销售量之间呈现线性关系，此时的盈亏平衡分析属于线性盈亏平衡分析。当市场上存在垄断竞争因素的影响时，产量与销量的变化会导致市场销售价格和生产成本出现变化，此时的成本与产量、销售额与销售量之间呈现非线性关系，此时的盈亏平衡分析属于非线性盈亏平衡分析。

盈亏平衡点越低，证明产品或服务销售的稳定性越高，亏损的可能性越小，也就是说该产品或服务有较强的抗风险能力。

各种不确定因素的变化会影响企业项目运营呈现的经济效果。积少成多，当变化的不确定因素达到某一临界值时，就会影响项目的运营。盈亏平衡分析的目的就是找到不确定因素积累的临界值，即盈亏平衡点，判断该投资方案对不确定因素变化的承受能力，从而为企业决策提供依据。

第 9 章

进阶分析四：正确分析人员数据

人力资源是企业发展的基石，大数据时代的到来使企业能够利用数据对人员进行更有针对性的培养。企业想要对人力资源数据有一个充分的了解，就需要对人力资源数据的基础指标、人员运作情况和人员规划效果进行分析。

9.1 人员基础指标分析

企业的主体是人，所以对企业人员的基本情况进行记录是企业的一项重要工作。对企业人员情况进行分析汇总，可以正确地评估企业规模、员工素质、科研基础等，因此数据分析师必须对企业人员基础指标、企业人员运作情况和企业人员规划效果等指标进行汇总分析。

9.1.1 人员数量

人员数量指标的定义为反映报告期内人员的总数量，这个报告期可以为月、季、年等时间段。人员数量指标又可以分为六大类，如图 9-1 所示。

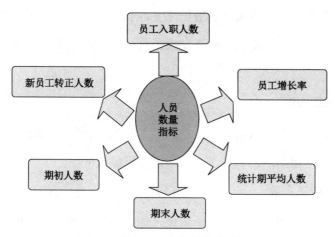

图 9-1　人员数量指标的六大类指标

1. 期初人数

它是指报告期的最初一天企业实际员工数量。如每个月初、每个季度初、每年初员工数量，该数据可以通过人力资源部的员工花名册获取。

2. 期末人数

它是指报告期最后一天企业实际员工数量。如每个月末、每个季度末、每年末员工数量，该数据也可以通过人力资源部的员工花名册获取。

3. 统计期平均人数

它是指报告期内平均每天拥有的实际人数。该数据可以从人员部的员工名单册获取。统计期平均人数的计算公式为：

月平均人数=报告期月内每天实际人数之和÷当月的天数

季平均人数=季内各月平均人数之和÷3

年平均人数=年内各月平均人数之和÷12

4. 员工增长率

它是指新增员工人数和原来企业员工人数的比例。员工增长率的计算公式为：

员工增长率＝统计期新增员工人数÷去年同期员工人数×100%

员工增长率折射了企业人员的增长速度，同时也折射出人力资本的增长速度。如果将员工增长率与利润增长率结合起来，可以反映出企业在某个时期内的人均生产效率。

5. 员工入职人数

它是指现有员工人数减去原来企业的员工人数。该项指标可以为企业的基础职位设置决策提供帮助，还能为企业的培训需求提供依据。

6. 新员工转正人数

它是指成功转正的员工人数和新员工入职人数的比例。通过这项数据指标可以看出员工招聘的质量对企业人力资源的影响，也可以为培训、岗位设置等工作提供依据。

9.1.2 人员流动情况

人员流动指标是指企业员工的各种离职与入职过程中发生的人员变动情况。人员流动指标又可以分为以下八大类。

1. 人员流动率

它是指报告期内企业流动人数占总人数的比例，包括入职人数与离职人数。这是考察企业领导与员工队伍是否团结的重要指标，报告期一般以一年为标准。人员流动率的计算公式为：

人员流动率＝（报告期内入职人数＋报告期内离职人数）÷报告期内员工平均人数

入职人数指调入和新进人数，离职人数指退休、调出、辞职、合同到期不再续签等人数。因为人员的流动会直接影响企业的稳定与员工的工作情绪，所以企业必须对其加以管制。倘若流动率过大，表明企业人事关系不稳定，员工与企业对工资等有较大分歧等问题，最后导致企业的生产效率低下，新进人员的培训成本增加。而流动率一旦过小，难以保持企业的活力，这对于企业的长期发展是不利的。目前一般而言，蓝领员工的流动率可以稍大一点，白领员工的流动率需要稍小一点。

2．净人员流动率

它是指补充人数（为了补充离职人员的空缺所招聘的人数）除以报告期平均人数。净人员流动率的计算公式为：

净人员流动率＝（补充人数÷报告期平均人数）×100%

分析净人员流动率时，可将其与离职率、入职率进行比较。对于一个正处于快速发展状态的企业来说，净人员流动率实际上等于入职率；对于一个正处于规模缩减状态的企业来说，其净流动率等于离职率；而处于正常平稳发展状态的企业，其净人员流动率、入职率、离职率处于相同状态。

3．人员离职率

它是指报告期内的离职人数与报告期平均人数的比例。离职人员包括辞职、企业辞退、终止合同的所有人员，但不包括退休人员。人员离职率的计算公式为：

人员离职率＝离职人数÷报告期平均人数×100%

＝（辞职人数＋辞退人数＋终止合同的所有人数）÷

报告期平均人数×100%

人员离职率可以衡量人员的稳定程度。离职率一般以月、季度为单位，假如以年度为单位，则需要考虑季节、周期等影响因素。一般情况下，正常企业的合理离职率应低于8%。

4．非自愿性的员工离职率

当企业需要辞退员工或终止与员工的合同时，就发生了非自愿性的员工离职。其主要表现为：员工无法胜任本职工作，员工无法完成绩效标准，员工出现严重的过失行为等。非自愿性的员工流失除了包含下岗、裁员、辞退等正常形式，还包括因员工死亡或员工终身残疾等原因导致的员工无法完成工作任务而引起的非正常形式的员工流失。非自愿性的员工离职率计算公式为：

$$非自愿性的员工离职率＝[（辞退员工人数+因身体原因下岗人数+下岗人数）÷$$
$$报告期平均人数]×100\%$$

通过对非自愿性的员工离职数据进行分析，企业可以解析员工离职的主要原因，重新审视业绩和生产力问题。

5. 自愿性员工离职率

它是指自愿离职的员工人数与报告期平均人数的比例。影响自愿性员工离职率的因素有很多，如员工的个人境况、行业的趋势、宏观的经济形势等。自愿性员工离职率的计算公式为：

$$自愿性员工离职率＝（自愿离职的员工人数÷报告期平均人数）×100\%$$

如果某家企业的自愿性员工离职率较高，那么可能是由于这家企业的企业文化不太出色，或者企业对员工的激励有些缺失，以及领导的管理能力较差等，这些因素都会造成自愿性员工离职率的上升。

6. 关键岗位员工离职率

它是指处于关键岗位员工离职人数与报告期平均人数的比例。需要注意的是，统计关键岗位员工离职率中的员工必须主动提交辞职。影响该指标的因素有很多，如员工的家庭境况、企业的工作氛围、行业的发展趋势等。关键岗位员工离职率的计算公式为：

$$关键岗位员工离职率＝（关键岗位员工主动要求离职的人数÷$$
$$报告期平均人数）×100\%$$

7. 内部变动率

它是指报告期内部门各个岗位调整的人数同报告期内平均员工人数的比例。

内部变动率的计算公式为：

内部变动率＝部门各个岗位调整的人数÷报告期内员工平均人数×100%

内部变动率可以反映企业的相对稳定性，企业的相关单位可以通过内部变动率的变化情况关注员工的工作情况。

8. 员工晋升率

它是指报告期内实现升职的员工人数同报告期内平均员工人数的比例。员工晋升率的计算公式为：

员工晋升率＝报告期内实现升职的员工人数÷报告期内员工平均人数×100%

员工晋升率的变化可以反映出企业内部员工晋升的情况，该指标可以为确定员工的发展规划提供帮助。

9.1.3 人员结构分布

人员结构指标是指企业现有的人员，通过对其分析可以对人员结构进行相应的调整。人员结构指标又可以分为六大类，如图 9-2 所示。

1. 人员岗位分布

它是指企业按照特定的岗位对员工进行划分，报告期末企业各岗位上实有员工的数量与总人数的比例，具体数据来源于人力资源部的员工花名册。

大多数企业的人员都能够分成 5 大类：管理人员、技术人员、销售人员、生产人员和后勤人员。管理人员包括人员管理、财务管理、工艺管理、生产管理及其他管理人员；技术人员包括研发人员、质检人员、工艺人员及其他技术人员；销售人员包括推销员、电话客服及其他销售人员；生产人员包括生产工人、辅助生产工人及其他生产人员；后勤人员包括接待员、保洁人员及其他后期人员等。

图 9-2　人员结构指标的六大类指标

通过对每年年终的人员岗位分布数据的观察，可以分析出组织人才的结构性变化，如高级技工的短缺。

2. 人员学历分布

它是指企业依据学历对员工进行划分，报告期末最高学历对应的企业在岗员工与总人数的比例。最高学历是指国家承认的最高毕业文凭学历，大致可以分为五个层次：博士、硕士、本科、大专、大专以下。

3. 人员年龄、工龄分析指标

（1）人员年龄分布

它是指按照员工的年龄大小进行划分，报告期末企业各岗位上实有员工在不同年龄段对应的人数与总人数的比例。一般情况下，企业可以将年龄划分为四个阶段：30 岁以下、30 岁～40 岁、40 岁～50 岁、50 岁以上。

这一指标通常与企业的其他指标结合起来，如将年龄分布和人员岗位分布结合，或者将年龄分布和员工晋升率结合，组建一个双重指标，从中看出人员年龄对企业岗位的影响。

此外，如果单独对年龄分布进行分析，可以判断企业是否丧失了活力，是否出现老龄化的趋势，进而判断企业是否需要招聘新的员工。

最理想的员工年龄分配应该以金字塔形为宜。企业的最高决策者为 45 岁以上的高龄员工，处于金字塔的顶端；企业的中层管理人员为 36 岁～45 岁的中龄员工，处于金字塔的中部；企业的普通岗位为 20 岁～35 岁的低龄员工，处于金字塔的低端。

（2）人员工龄结构分析

它是指按照工龄区间划分，报告期末企业各岗位上实有员工在不同工龄段对应的人数与总人数的比例。

工龄指员工在某企业实际的工作时间，截至报告期末，工龄超过半年的按一年计算，半年以下按半年计算。工龄越长代表着员工对企业的认同感越强，经验越丰富。工龄区间的划分可以参考人员年龄划分，不过间距一般采用 5 年为宜。

4. 人员资质等级结构

它是指企业按照特定的职称对员工进行划分，报告期末企业各职称实有员工的数量与总人数的比例。一般情况下，企业的职称结构不宜超过 5 个层级。

5. 新增职位数量

它是指企业每年新增的职位数量，该项数据能够反映企业部门的岗位变化情况。

6. 岗位人员更换频率

它是指以年为单位，统计企业不同岗位上人员的更换频率。

例如，企业某个岗位上人员更换频率过高，则需考虑该岗位的工作要求是否合理，是否需要做出相应的调整。

9.2 人员运作情况分析

良好的人员运作情况分析有助于企业依据分析结果采取相应措施提升人员素质，数据分析师应依据企业未来的需求，对人力资源的各流程进行梳理分析，制订更加适合企业的计划，打造出最具竞争力的团队，帮助企业培育人才。而对人才的分析，不能仅凭借直觉，而是应该建立在详尽的工作分析上，从招聘、培训、薪酬、绩效等多个角度对人员进行分析评定。

9.2.1 招聘

招聘指标用来反映企业招聘员工的质量情况，招聘指标可以分为四大类，如图 9-3 所示。

招聘成本评估指标　　录用人员评估指标　　招聘渠道分布　　填补岗位空缺时间

图 9-3　招聘指标的四大类

1. 招聘成本评估指标

（1）招聘总成本

它是指举办一次招聘活动所用的全部成本。招聘总成本的计算公式为：

招聘总成本=内部成本+外部成本+渠道成本

其中内部成本指企业内招聘员工的工资、福利、差旅费和其他管理费用。外部成本指外聘专业的人员参与招聘的劳务费、差旅费。渠道成本指广告、招聘代理、职业介绍机构收费费用等。这些数据可以通过人力资源部、各招聘单位获得。

（2）单位招聘成本

它是指在一次招聘活动中每招聘一位员工所需要的成本。所需要的数据可以从人力资源部、财务部等单位获得。单位招聘成本的计算公式为：

单位招聘成本=招聘总成本÷招聘总人数

2. 录用人员评估指标

它是依据招聘计划对录用的人员进行评估。招聘工作结束以后，对录用人员的评估是一项非常重要的工作。如果招聘成本较低，而招聘人员的数量较多且质量较好时，说明招聘人员的工作效率较高。

录用人员的评估可以从以下几个方面着手。

（1）应聘者比例

它是指某个岗位的实际应聘人数与计划招聘人数的比例。应聘者比例的计算公式为：

应聘者比例=（应聘人数÷计划招聘人数）×100%

该比例能够反映招聘信息的发布状况，该比例越大，说明企业发布的招聘信息散布越广、越有效，企业能够挑选的余地就越大；反之，该比例越小，说明企业发布的招聘信息散布效果较差，企业挑选的余地也越小。正常来说，应聘者比例要达到200%以上，且招聘的岗位越重要，该比例越大，这样才能保证招聘人员的质量。

（2）员工录用比例

它是指某岗位的实际录用员工与应聘人数的比例。员工录用比例的计算公式为：

员工录用比例=（录用人数÷应聘人数）×100%

该比例越小说明可供企业挑选的人员越多，实际录用的员工质量越高；该比例越大，说明可供企业挑选的人员越少，实际录用的员工质量可能较低。

（3）招聘完成比例

它是指某岗位实际录用员工与计划招聘人数的比例。招聘完成比例的计算公式为：

$$招聘完成比例=（录用员工÷计划招聘人数）×100\%$$

该比例反映了企业计划招聘员工的实际情况。该比例越小，说明招聘员工的数量不足。如果该比例达到了100%，则意味着企业已经按照相应的计划招聘到了需要的员工。

（4）员工上岗比例

它是指某岗位的实际报到员工与通知录用人数的比例。员工上岗比例的计算公式为：

$$员工上岗比例=（到职员工数÷录用人数）×100\%$$

该比率反映了企业实际招聘的员工情况。该比例越小，表明实际上岗的员工人数越不足。如果该比例为100%，则意味着所有员工按期到岗。

（5）同批雇员留存比例

它是指企业同一批次招聘的员工到报告期结束时，仍然在职的员工数同招聘初始员工的比例。同批雇员留存比例的计算公式为：

$$同批雇员留存比例=（同批招聘员工÷同批招聘员工初始人数）×100\%$$

（6）同批雇员损失比例

它是指同一批次招聘入企业的雇员到报告期结束为止时，所有离职人员人数同初始上岗员工人数的比例。同批雇员损失比例的计算公式为：

$$同批雇员损失比例=（同批员工离职人数÷同批员工初始上岗人数）×100\%$$

此外，同批雇员损失比例=1-同批雇员留存率

同批招聘员工留存比例和同批雇员损失比例反映了员工流失情况，员工流失

情况又反映了员工对工作的满意度。同批员工的留存比例越低，或者损失比例越高，代表着同批招聘员工的满意度越低，这时企业就需要及时找出员工离职的原因，采取补救措施。

3. 招聘渠道分布

它是指某单位通过各渠道招聘录用的员工数量及相应比重。招聘渠道主要有校园招聘、中介机构、人才招聘会、内部推荐、网上招聘、应聘者主动求职等。按以企业为边界分为：内部招聘比率=（内部招聘人数÷录用人数）×100%，

外部招聘比率=（外部招聘人数÷录用人数）×100%

按以渠道划分，则为各渠道录用人员的数量及比率。一般而言，企业在招聘新员工的过程中最好采取多渠道招聘，并且对于不同岗位的渠道招聘人数比重有所不同。例如，校招的人员大多可以选择放在销售、服务等一线岗位进行锻炼，而通过内部推荐的人员可以选择放在较为重要的岗位。

4. 填补岗位空缺时间

它是用来衡量一个部门的某个岗位从空缺到招聘到适合该岗位候选人的平均天数。其所需要的时间包括经过审批后，通知人力资源部门的时间；发布招聘公告，公布在企业网站、人才市场的时间；候选人提交简历的时间；领导通知候选人面试的时间等。

如果企业填补一个岗位空缺的时间远远超过行业的标准时间，那么就会对企业造成较多的负面影响，如影响员工工作积极性、企业效率下降等。

9.2.2 培训

培训指标是企业用来反映企业人才培训的好坏的指标。培训指标可以分为三个方面。

1. 培训人员数量指标

培训人员数量指标又可以分为五个小的方面。

（1）培训人次

它是指报告期内企业的内部培训和外出培训的人数累计之和。培训人次的计算公式为：

培训人次＝A1＋A2＋…＋An（An 指某次参加培训的实际人数）

（2）内部培训人次

它是指报告期内企业每次内部培训的人数累计之和。内部培训人次的计算公式为：

内部培训人次＝A1＋A2＋…＋An（An 指某次参加内部培训的实际人数）

（3）外部培训人次

它是指报告期内企业每次外出培训的人数累计之和。外部培训人次的计算公式为：

外部培训人次＝A1＋A2＋…＋An（An 指某次参加外出培训的实际人数）

（4）内外部培训人数比例

它是指报告期内企业内部培训员工与外出培训员工的人数比例。内外部培训人数比例的计算公式为：

内外部培训人数比例＝内部培训人数÷外部培训人数

（5）企业受训人员比例

受训人员比例是指某个岗位接受培训的员工数量占整个企业接受培训人数的比例。这个比例可以明确显示出对不同岗位员工的投资水平与重点培训情况。

企业受训人员比例的计算公式为：

企业受训人员比例＝某岗位受训员工的人数÷企业接受培训的员工总人数

2. 培训费用指标

培训费用指标可以分为七个小的方面。

（1）培训费用总额

它是指报告期内企业为员工培训所花费的费用总额，包括内部培训费用与外出培训费用，或者可以分成岗前培训费用、在岗培训费用、脱离工作期间培训费用之和。培训费用总额的计算公式为：

培训费用总额＝内部培训费用＋外出培训费用

培训费用总额＝岗前培训费用＋在岗培训费用＋脱离工作期间培训费用

内部培训是指在企业内进行的培训，所用的资源包括培训讲师、场地、教具等；外出培训仅指工作期间的外出培训。假如企业聘请外部培训师来企业授课，这属于内部培训。

（2）人均培训费用

它是指报告期内企业每个员工平均花费的培训费用。人均培训费用的计算公式为：

人均培训费用＝报告期内培训总费用÷报告期内培训员工人数

（3）岗前培训费用

它是指报告期内企业对上岗前的员工进行培训花费的费用，培训内容包括企业文化、规章制度、产品知识、基本技能等方面。

（4）岗位培训费用

它是指报告期内企业为了让员工满足岗位要求而对其知识、技能进行培训过程中花费的费用。

（5）脱离工作期间培训费用

它是指报告期内，企业根据自身发展的需要，允许员工脱离工作岗位接受一定时间的培训，这一过程中所花费的成本便是培训费用。它的目的是为企业培养高水平的管理人员、技术人员等。培训时间可以分为长期和短期，短期时间在一年内，长期时间在一年以上。

（6）培训费用占薪比例

它是指报告期内企业员工培训各项费用之和与同时期内员工工资总额的比例。培训费用占薪比例的计算公式为：

培训费用占薪比例＝（报告期内培训费用÷报告期内员工的工资总额）×100%

培训费用占薪比例并不是越高越好，较为合理的培训费用占薪比例在 2%～5%。一般情况下，假如培训费用占薪比例高于 5%，说明企业十分重视员工培训，但过高的培训费用会带来人力成本的上升；假如培训费用占薪比例低于 2%，说明企业并不重视员工培训。

（7）内外部培训费用比例

它是指报告期内企业员工的内部培训费用与外部培训费用的比例。内外部培训费用比例的计算公式为：

内外部培训费用比例＝内部培训费用÷外部培训费用

3. 培训效果指标

培训效果指标分为两个小部分。

（1）员工培训的平均满意度

它是指报告期内企业员工对其经历过的所有培训的平均满意程度，培训满意度越高，说明培训效果越好。员工培训的平均满意度计算公式为：

员工培训的平均满意度＝（A1＋A2＋…＋An）÷报告期内员工经历过的培训次数

（An 是指某次培训的平均满意度）

（2）培训测试通过率

它是指报告期内企业员工参加培训后通过测试的概率。培训测试通过率的高低反映了培训的效果好坏。培训测试通过率的计算公式为：

培训测试通过率＝通过测试员工人数÷参加培训的员工人数

9.2.3 薪酬

薪酬指标反映了一个企业的员工工资水平，它主要分为两个方面，如图 9-4 所示。

图 9-4　薪酬指标的两个方面

1. 外部薪酬指标

（1）不同行业薪酬水平

它是指国内各行业的平均薪酬水平。通过对不同行业平均薪酬水平情况的分析可以得出各行业的特点和薪酬总体水平。一般可以通过权威网站、咨询企业、数据调查机构等途径获取信息。

（2）行业内薪酬水平

它是指本行业中的企业平均薪酬水平情况。通过将企业薪酬水平与行业内薪酬水平情况进行比较，可以分析企业的薪酬水平在行业内是否具有竞争力。

（3）不同地区薪酬平均水平

它是指国内各大城市的平均薪酬水平情况。通过将不同地区薪酬水平情况进行比较，可以为企业确定薪酬标准提供参考依据。

（4）消费者物价指数

消费者物价指数的英文缩写为 CPI，它是反映与消费者生活相关商品物价变动的指标，通常作为判断通货膨胀的重要指标。

如果消费者物价指数升幅过大，则消费者的货币购买力下降，企业在调整薪酬时需要适当考虑此因素。

2. 内部薪酬指标

（1）工资总额

它是指报告期内企业所有员工的应发工资总额。工资总额的计算公式为：

工资总额＝A1＋A2…＋An（An 代表报告期内企业的某位员工应发工资）

（2）经营维持性工资总额比例

它是指报告期内企业用于维持企业经营目标任务的工资总额与总工资的比例。经营维持性工资总额比例的计算公式为：

经营维持性工资总额比例＝报告期内经营维持性工资总额÷报告期内总工资

通过对经营维持性工资总额比例的分析，可以更加科学客观地了解企业在员工工资方面的支出。

（3）人均工资

它是指报告期内企业人均工资额。人均工资的计算公式为：

人均工资＝报告期内工资总额÷报告期内员工数

人均工资的统计通常可以结合员工的岗位统计数据，也可以结合时间数据统计，这样就可以通过二维角度来分析实际问题。

（4）年工资总额增长比例

它是指报告年度企业工资总额同去年相比所增加的比例。年工资总额增长比例的计算公式为：

年工资总额增长比例＝（报告年度工资总额÷上一年工资总额）×100%-1

年工资总额增长比例一般可以结合员工分类进行统计。

（5）人均工资的年增长比例

它是指报告期内企业的人均工资同去年相比所增加的比例。人均工资的年增长比例的计算公式为：

人均工资的年增长比例＝（报告年度人均工资÷上一年度人均工资）×100%-1

通常，同期工资的增长率小于销售收入增长率。假如同期工资增长率大于销售收入的增长率，则表示工资增长速度过快，企业的人力成本增加过多。

（6）保险总额

它是指报告期内企业为所有员工依法所缴纳的社会保险费用总额，社会保险主要包括养老保险、失业保险、医疗保险、工伤保险、生育保险，此外还包括住房公积金费用。

保险总额的计算公式为：

保险总额＝养老保险费用＋失业保险费用＋医疗保险费用＋工伤保险费用＋

生育保险费用＋住房公积金费用

企业数据库中需要分别录入养老保险、医疗保险、工伤保险、生育保险、住房公积金所缴纳费用金额。

（7）人均保险

它是指报告期内企业为每位员工所缴纳的平均社会保险金额。人均保险的计算公式为：

人均保险＝报告期内企业缴纳保险总额÷报告期内的员工数

9.2.4 绩效

绩效管理指标是企业用来衡量员工整体效益的重要参数。企业中不同的岗位应该设置不同的绩效工资比例。绩效管理指标主要分为两个部分。

1. 绩效工资比例

它是指报告期内企业员工获得的绩效工资与总工资的比例。绩效工资比例的计算公式为：

绩效工资比例＝（绩效工资÷总工资）×100%。

2. 员工绩效考核分布

它是指报告期内企业依据员工的绩效考核结果对员工进行分类，并将分类后的员工数量除以员工总数后所得到的比例。员工绩效考核分布的计算公式为：

员工绩效考核分布＝（绩效考核结果为 N 的员工数÷员工总数）×100%（N 指企业对员工绩效考核结果的某种分类，如绩效为优秀的分为一类）

通常情况下，不同类别绩效员工的比例分布应符合正态分布，假如出现某一类员工过多的情况，则企业需要重新审视绩效考核的指标标准是否恰当，或者是否出现某些意外情况。

9.3 人员规划效果分析

越来越多的企业开始注重企业的员工效益，并对员工提出效益要求，如经典的 KPI 指标。将员工为企业创造的效益进行分析，并通过各种手段提升员工效益，使人力资源能够得到充分利用，实现人力资本的持续增值。

9.3.1 人均效益

人均销售收入是指依据报告期内的销售收入，计算每个员工的销售收入。人均销售收入的计算公式为：

人均销售收入＝总销售收入÷员工人数

例如，西关电子有限公司是一家中小型的电子产品制造企业，该企业的员工人数为 50 人，一年的销售收入为 1000 万元，则该企业的人均销售收入为：1000÷50=20 万元。

人均净利润是指在一定时期内，企业的净利润与员工人数的比例，是反映企业效率的指标。其可以用于同行业间的相互比较，人均销售收入越高，企业的效率越高。人均净利润的计算公式为：

人均净利润＝企业净利润÷员工人数

例如，西关电子公司的企业净利润为 400 万元，而员工数量为 50 人，则企业的人均净利润为：400÷50=8 万元。

人均净利润是用来衡量企业效益的指标，普遍适用于各行业企业间的比较。

9.3.2 万元工资盈利情况

万元工资销售收入是指在一定时期内企业每万元工资所能带来的销售收入。万元工资盈利情况的计算公式为：

每元工资销售收入＝报告期内销售收入总额÷工资总额

万元工资销售收入=每元工资销售收入×10000

例如，西关电子公司在 11 月份的销售总收入为 40 万元，而当月员工的工资总额为 20 万元，则员工的每元工资销售收入为：40÷20=2 元；员工的万元工资销售收入为：2×10000=20000 元。因此，西关电子公司 11 月份的万元工资销售收入为 20000 元。

一般而言，万元工资销售收入越高，企业效率越高。不过需要注意的是，万元工资销售收入不可过多超出员工工资。

万元工资净利润是指在一定时期内每万元工资所能带来的净利润。万元工资净利润的计算公式为：

每元工资净利润＝报告期内净利润总额÷报告期内工资总额

万元工资净利润=每元工资净利润×10000

例如，西关电子公司在一年之内的净利润为 400 万元，而这一年内该企业支付的员工工资为 240 万元，那么这一年之内西关电子公司的每元工资净利润为：400÷240≈1.667 元；西关电子公司的万元工资净利润为：1.667×10000=16670 元。

万元工资净利润越高，表示企业每万元工资能够带来的利润越多，带来的企业效益也越高，它是衡量企业在报告期内收益的核心指标之一。

万元人工成本净利润是指在一定时期内每投入单位人工成本所带来的净利润。万元人工成本净利润的计算公式为：

每元人工成本净利润＝净利润总额÷人工成本（工资总额+社会保险总额）

万元人工成本净利润=每元人工成本净利润×10000

例如，西关电子公司一年内的社会保险总额为 40 万元，那么这一年之内西关电子公司的每元人工成本净利润为：400÷（240+40）≈1.429 元；西关电子公司的万元工资净利润为：1.429×10000=14290 元。

人工成本是企业为获得利润必须付出的代价。理论上讲，人工成本包括员工劳动报酬、社会保险费用、职工教育费用、职工住房费用及其他人工成本。

第 10 章

展现数据：企业状况一目了然

大数据时代，企业越来越重视大量数据背后的价值，而合理的数据展示可以让数据分析结果可视化，帮助企业决策者读懂数据，快速做出决策。

数据可视化是一种以刺激视觉的形式来展示数据的方式，如图表、地图等。数据可视化是数据展示的重要方式，它可以帮助企业一目了然地观察企业用户数据，把握内在关联，快速了解企业当前面临的问题，做出正确的决策。

10.1 展示数据的两种方法

数据分析师在工作中经常要对汇总分析的数据加以展示，但是数据是枯燥冰冷的，只有利用好图表展示法和专业语言展示法两种方法，才能使企业决策者更容易发现问题所在。

10.1.1 图表展示法

数据可视化就是将数据用图表的形式展现出来。谈到图表，许多人立刻想到各种信息密集、内容复杂的图表，仿佛不掌握这些图表的表达形式就代表自己水平低下。然而拥有这种想法的人并没有理解数据可视化的本质应该是简洁直白、重点突出。

数据可视化是为了帮助人们从复杂的数据中快速提取出关键的数据信息而出现的，其高效的原因在于其能够让人"认知放松"。心理学家发现，处于"认知放松"状态下，人们警惕性大大降低，更易于接受外界的信息。例如，像"塞翁失马焉知非福"这样简短、熟悉的表达，就比"虽然一时受到了重大损失，但反而能够从中得到好处"这样复杂的说法显得更有说服力。

明白了这点，就很容易理解为何"字不如表，表不如图"了。如从图 10-1 所示的柱形图中，人们可以看出入门时间对会计行业工资的影响程度。

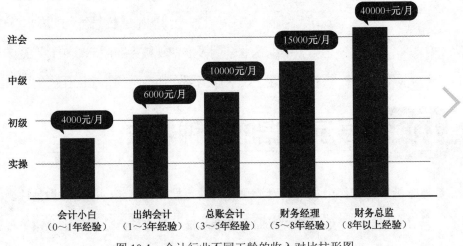

图 10-1　会计行业不同工龄的收入对比柱形图

人们从图中可以直白地看出会计工龄越长，工资越高。当人们能够一眼看出数据背后潜藏的信息时，数据可视化的目的便达到了，这种方法能够有效提高数据展示的效率与便捷性。

有研究结果表明：人类从图形获取信息的速度远远超过从文字中获取信息的速度，那么将数据以可视化的形式展现到底有什么好处呢？

下面是数据可视化常见的几种好处。

1. 接受更快

相较于文字形式的数据报告，使用图表对复杂的数据进行总结，可以保证决策者更快地理解数据之间的内在联系，这是因为人脑对视觉信息的处理速度快于对文字信息的处理速度。

此外，数据可视化的表达方式更利于管理者与下属之间的沟通，管理者能够更加快捷地理解与处理相关信息，从而更加快速地调整市场策略。

2. 利于沟通

向管理者提交的业务分析报告大多都是规范化的书面报告，这些报告内容经常被各种复杂的步骤与烦冗的表达所占据，也正因为如此，管理者很难从中获取重要信息，最终造成双方之间沟通困难。

将枯燥的数据进行数据可视化后，数据分析报告中只需要一些简单的图形就能体现这些复杂的数据。这样一来，决策者对于数据分析结论的理解便会顺畅许多，有助于让忙碌的决策者更快速地了解问题，并制订相应的解决计划。

3. 连接运营与业务

数据可视化的又一大好处是连接运营和业务。在激烈的竞争环境中，找到业务和市场运营之间的相关性是十分重要的。例如，一家 IT 企业的总经理在柱形图中看到，他们的产品在东北地区的销售额下降了 15%。之后，总经理深入了解差异的原因，并制订相应的计划来改善。

数据可视化能够帮助企业更快速地识别数据背后表达的意义，同时数据可视化所带来的交互式分析能够让数据分析师深入了解其中的缘由。

一般情况下，数据可视化的图表从如图 10-2 所示的五种常见的图表中选择。因为如果数据分析师采用较为少见的图表，如发展矩阵图、改进难易矩阵图等时，会加大读者理解信息的难度，这与数据可视化的"认知放松"目标是背道而驰的。

五种基本图表

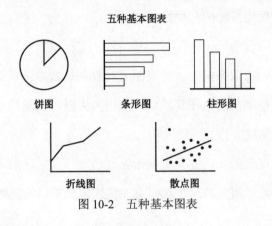

图 10-2　五种基本图表

在选择合适的图表时，首先需要对数据进行划分。通常情况下，数据可分为以下四类：比较类数据、分布类数据、成分类数据和关系类数据。

1. 比较类数据

比较类数据主要描述不同种类数据的差异，因此可以进一步分为两类。

"与其他数据相比"，它是指不同种类数据间的比较，这种数据比较强调的是"差别"。因此要选择最能体现"差别"的图表，如用条形图、柱形图表达。

"与自己相比"，它是指相同数据的不同时间的比较，这种比较反映的是数据与时间的关系，反映出数据随时间的变化过程，主要用柱形图、折线图表达。

2. 分布类数据

分布类数据主要用来描述数据整体的分布情况，常用柱形图、折线图表达。虽然它本身带有一定的"比较"属性，但与比较类数据相比，侧重点有所不同。比较类数据强调自身个体与其他个体的差异，而分布类数据强调整体的分布特征。

例如，比较"中学的某个班级成绩状况"时，比较类数据强调"小王是班上成绩最好的"，而分布类数据强调"这个班有三分之一的人分数超过 500 分"。

3. 成分类数据

成分类数据描述一个整体的内部组成部分，最常见的表达方式是饼图。但在要比较不同个体、不同时间的变化情况时，也常常用柱形图与折线图进行表达。

4. 关系类数据

关系类数据是描述一种数据随另一种数据变化的情况，如员工的奖金越高，其整体收入就会越高。此类数据的表达常用散点图来表达。此外，如果一张图需要表示三个数据间的关系，也可以采用气泡图（改进难易矩阵图）表达。

将这四类数据与五类基本图表归纳总结后，如图 10-3 所示。

数据类别		条形图	柱图	折线图	饼图	散点图
比较	表达项目间的"差别"或按时序的"趋势"	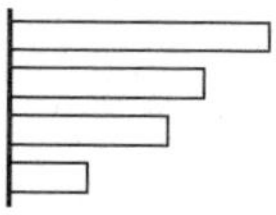	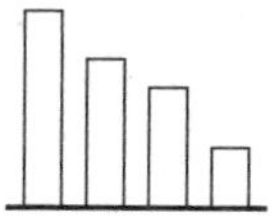			
分布	表达整体特征		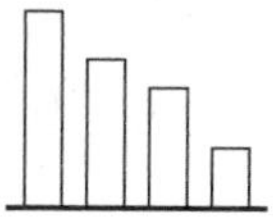			
成分	表达成分构成		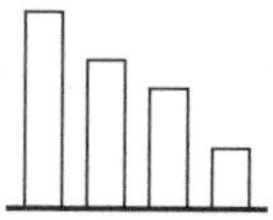			
关系	表达不同维度数据之间的关系					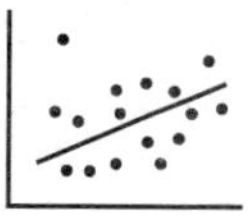

图 10-3　四类数据与五类基本图表归纳总结图

10.1.2 专业语言展示法

数据分析已经成为一种商业的语言，它代表着一种理性与逻辑的思维，体现了数据分析师的专业水平。用数据说话已成为当今大多数数据分析师所必须掌握的技能。如果数据分析师在汇报某些数据分析结果的时候依然采用"很多""很快""很好"这样的形容词而无法给出具体的数据，企业决策者则无法接受分析结论。

因此，数据分析师进行数据展现的过程，实际上就是说服别人接受分析结论的过程。要说服别人，关键需要论据充分、准确、严谨。所以数据展示追求逻辑完善，就像讲故事需要先有脉络梗概，再用修辞造句、丰满血肉。而数据的形象化便是修辞造句、丰满血肉的过程。

数据形象化可以将隐藏在数据背后的意义转换为可见的形象符号，并从中探知规律，获取知识。在实际应用中，它可以还原数据的全局结构与具体细节。

数据形象化的具体操作如下所示。

1. 指标值形象化

一个简单的指标值就是一个数据，将数据的大小用图形的方式展示，同时对图形进行一定的视觉优化。如用立体的柱形图长度表示数据大小，这也是最常用的数据形象化形式，如图10-4所示。

2. 构建场景来表现

数据之间往往具有一些内在的联系，如从简单到复杂、从前到后等。如果无法构建起一个图像化场景，就难以让人认可与接受。

以某企业的人员学历分布为例，学历分布为小学、初中、高中、本科等，如图10-5所示。

图 10-4　立体的柱形图

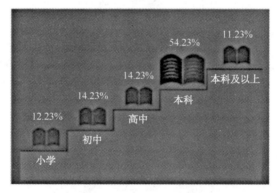

图 10-5　某企业的人员学历分布

图中各学历之间存在一种阶梯式的关系，因此这里设计了一个阶梯式的图像反映数据之间的阶梯式趋势。在支付宝推出的个人年度账单中，以一个类似颁奖台图像展示个人付款最多的三项，如图 10-6 所示。

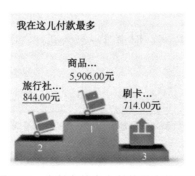

图 10-6　支付宝的个人付款最多的三项

图 10-7 为一种数据形象化的过程，展示了数据形象化的一种方法。同时，图 10-7 所示仅仅作为参考的数据形象化过程，在实际的数据形象化过程中，数据分析师需根据具体情况处理。

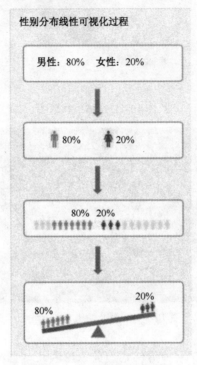

图 10-7　数据形象化的过程

3. 概念转换

当我们想要别人帮忙递一杯水时，通常不会说给我递杯 500ml 的水。在这里，虽然 500ml 是一个具体的数据，但它难以被人感知，所以用一杯水的概念对其进行转换。

同样的道理，在对数据形象化时，有时就需要数据概念的转换，这是为了增加用户对数据的感知。感知就是将数据从抽象转化为形象的过程，其中最常见的手法就是比喻。如图 10-8 所示的比喻，这是一张介绍雅虎邮箱处理数据量的形象

图，大意是说它每个小时处理的电子邮件数量多达 1.2TB，相当于 644245094 张
打印纸。

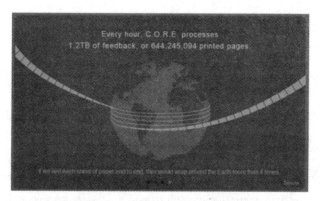

图10-8　雅虎每小时处理的邮件数量图

采用数字对这个数值进行描述，人们无法简单明了地接受该信息。图10-8还
采用了另一个比喻的手法：该图表示的意思大概是，这些打印出来的纸张如果首
尾相连可以绕地球四圈。

通过对数据量的模拟表示，使得人们可以了解到雅虎邮箱每天处理的数据量
之大。从某种方面来说，电子邮箱的使用也为地球保护了很多森林资源，变相宣
传了雅虎的环保理念。

数据形象化可以将海量数据通过图形的形式,将数据的意义直观反映给大众,
从而降低数据读取门槛，让企业通过形象化方式开展自我营销。

10.2　如何成为高效率的数据分析师

相比于企业其他职责明晰的部门，数据分析师的工作更加繁杂，不论是哪个
部门，数据分析师都需要依据数据提供指导。数据分析师不仅要收集、整理数据，
还要将数据分析结果通过浅显易懂的方式展现出来，并给出相关的建议。如何成

为高效率的数据分析师呢？

下面从界面安排合理、展示方法多元化和分析结果准确三个方面进行介绍。

10.2.1 界面安排得当，不杂乱

数据表格显得拥挤有多种原因，但主要是由于数据分析师在数据罗列中没有提炼出重要内容。特别是对数据的展示过于全面，似乎要将所收集到的所有数据都体现出来才能彰显自身专业性，这是一个很大的误区。

当数据分析师展示数据时，如果是用大段的文字或表格展示，对于数据分析结论的接受者而言会过于晦涩难懂。因此数据分析师往往需要简化数据分析的数据罗列，这种方式展示出的界面整洁清晰，且易于理解。

那么如何才能使数据展示的界面安排得当，不杂乱呢？

1. 灵活取舍

对于数据的展示，不要追求过于全面。虽然数据分析是基于广泛全面的数据之上的，但数据展示只需要提炼出其中的重中之重，这样才能凸显某个特定的问题，引起企业决策者的注意。

例如，微信运动显示的主要数据就是步行数，它将展示的数据精简到极致。接下来的次要数据如用户排名、点赞数都没有步行数这项数据重要，三级数据层级关系十分清晰。

在微信运动数据的排列中，第一行数据就是用户个人数据。从用户的角度来看，第一时间关注的数据就是自己的数据，其他人的历史数据、排名、个性签名等数据都是可以暂时舍弃的。微信运动界面的简化，使用户可以第一时间看到自己关心的内容。

数据分析师在展现数据的时候，一定要把握主要数据与次要数据的关系，主

要数据才是企业决策者最想看到的数据。次要数据可以在数据中展示，但数量一定要少，且决不能比主要数据更加醒目。

2. 版式多变

数据分析师在展现数据的时候，展现方式需要做到灵活多变。可以采用多种方式展示数据，尽量避免从头到尾只使用单一的表格形式。例如，可以调整数据与文字的位置、颜色、大小关系；如果是电子版本的表格，可以设置动态表格；多种表格类型穿插使用等。同时数据分析师要注意尽可能增加数据间的间隙，避免出现视觉上的烦琐。

如图 10-9 所示，某应用软件的用户数据显示了大量内容。

图 10-9 某应用软件的用户数据

首先，企业选择了最重要的内容加以展示，如用户名、用户级别、粉丝、关注人、头像等。这张图片的数据显示错落有致，重点突出。数据设置的位置具有差异性，用户名与头像显然处于最明显的位置；用"♀"符号代替文字表示用户性别，避免了大量的文字导致的视觉烦琐，同时也说明用户性别不是主要数据。

3. 分纳层级

从设计的角度讲，读者对大量数字的接受速度在 3 位数是最佳的。如果到达 4 位数，则读者对于数据的接受速度会降低，超过 6 位数的时候，不仅数据展示界面的设计感会大幅度下降，对读者而言，识别成本也会随之增加。如果大量的

6 位数以上的数据在展示中呈现出列表的形式，会导致决策者理解内容的速度降低，甚至会导致内容理解错误，导致决策出现失误。因此，数据分析师要尽量少使用具体数字，多使用"万""百万""亿"等约数，方便企业决策者理解。

在数据展示的实际设计中，有时确实也会遇到数据无法简化处理的难题。如图 10-9 所示的五位数的经验积分，这时企业可以采取分级结构，将冗长的数据分级赋值。根据层级提供不同的版式设计，用颜色、徽章等图形将数据区分开，以此帮助决策者更加方便地阅读数据，得出结果。

数据分析师的工作不仅是对数据进行整理分析，对于分析结果的输出也非常重要。简单明了的数据展示页面能够更好地帮助数据分析师展示数据，帮助企业决策者理解分析结果，做出决策。

10.2.2 多元化展示，生动有趣

多元化展示数据可以深度挖掘出数据背后的信息，帮助企业决策者迅速了解当前业务走势并确定业务中存在的问题。

多元化的数据展示方式可以有很多种表现手法，最重要的就是数据与图形结合的方式，这也是最能体现数据分析师可视化技术是否熟练的方式。然而现实情况是数据表格的呈现通常比较单一，数据分析师有时为了追求数据的精度就会舍弃数据分析结论的可视化。但一个数据分析师的最直接的价值体现就在于对数据的展示和分析。

图形的表现形式非常丰富，如点、线、面，或者静态、动态，或者尺寸、形状等多方面，图表涉及的视觉元素为如图 10-10 所示五个方面。

对数据进行多元化展示的目的在于可以结合以上视觉元素，将枯燥无聊的数据制作成可视化图形与文字相结合的形式，进而让企业决策者快速理解数据，掌

据数据之间的潜在关联，挖掘出数据背后隐藏的信息，从而驱动业务发展。

图 10-10　图表涉及的视觉元素

10.2.3　合理控制数据精确度

判决系数是数据预测精确度的一个重要指标，它是一个位于 0% 和 100% 之间的百分数。其中 0% 表示彻底线性无关，100% 表示确定的线性关系，如图 10-12 所示，数据存在一定的线性关系，因此可以通过判决系数与数据的线性关系，预测未来发展。

假设变量个数不是很多，而样本量相对很大的情况下，判决系数越大，模型的预测精度就会越好。但实际上，数据预测精确度只要满足以下两个标准之一，就可以认为预测结果较为精确。

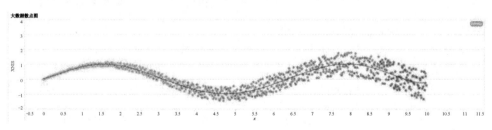

图 10-12　散点数据呈现线性关系

1. 业务需求

对于企业来说，只要这个数据预测的准确程度能够满足企业业务的需求，那么这个数据预测的精确度就是较高的。

例如，广义的互联网征信是指采集个人或企业使用互联网金融服务所留下的信贷等数据及通过线下渠道采集的公共信息等数据，并对其进行信用评估的活动。目前所存在的所有征信模型，如蚂蚁信用等，都不可能做到100%预测准确。但数据分析系统也不需要做到100%预测准确。只需要确定大多数申请贷款的人或企业，不会拖欠银行或互联网金融企业所借款项就可以了。

那么这个"大多数"需要数据预测达到多准才能达到要求呢？例如，某银行给100个人放贷，借给每人100元，一年后每人应还110元。

正常情况下银行的利息收入为（110-100）×100=1000元，但一年过去了，有一个人卷款潜逃，银行获得的收入就要减掉110元，为890元，收益率则为8.9%。虽然比正常情况要低，但这已经算是不错的情况了，因此99%的精确度能够达到要求。

但是如果出现了10个卷款潜逃的人，银行获得的收入就要减掉110×10=1100元，最终银行获利1000-1100=-100元，收益率为-1%。因此在这种业务背景下，90%的预测精度是不可接受的，99%则能够达到要求。

预测精度的确定，需要依据样本数量决定。上面的例子中样本含量很小，在实际运用中，样本数量是非常巨大的。数据分析师要依据样本容量合理控制数据精确度，才能保证企业处于盈利状态。

2. 对比标杆

业务需求是模型精度的最低标准，如果预测精度连企业的业务需求都无法满足，可以说这次预测是非常失败的。企业的发展不能仅仅满足于最低标准，而是应该要在能力范围内，做到最好，那怎样才算"最好"呢，数据分析师可以选择一个标杆进行对比。

（1）第一种标杆：当前状况

在对数据进行分析评估之前，要将自身情况进行详细的总结。例如，上次数据预测投入到实践中之后，效果如何，是不是合格的预测精度？还能从哪些方面收集数据，用以辅助数据的分析与预测，取得进步呢？

（2）第二种标杆：竞争对手

竞争对手既可以是目标市场中平均水平，也可以设置一个具体的竞争对手。例如，以行业龙头为竞争对手，数据分析师的数据精确度接近行业龙头甚至超越行业龙头的水平，那么这次数据分析的精确度，当然是非常值得采纳的。

企业的数据精确度怎样才能保证较高的判决系数？一是比之前的精确度高，二是比竞争对手的精确度高。只有这样，数据精确度才能够被企业决策者采纳，从而更好地发挥数据分析的作用。

第 11 章

撰写数据分析报告：高水平数据分析师的必备技能

数据分析报告是数据分析师工作的最终成果，是数据分析师对企业当前情况的一个定性结论，也是企业决策的参考依据。下面从数据分析报告的规范结构和易错点两个方面讲解如何写出漂亮的数据分析报告。

11.1 数据分析报告的规范结构

数据分析报告必须有一定的结构，如果没有规范结构，报告就会显得杂乱无章，内容无法紧密衔接，让人抓不住重点，不利于企业决策者依据报告进行决策。但数据分析报告的结构也并非一成不变，不同的企业对不同的内容进行数据分析，报告的结构也不相同，但其中要有一定的逻辑结构。

数据分析报告通常都由标题、目录、前言、问题及建议、附录五部分组成。

11.1.1　标题

数据分析报告的标题是单独成页的，标题页必须包含标题、作者和报告日期三个部分的内容。最好使标题页设计精美，以增加其艺术性，吸引决策者，激发决策者对报告的阅读兴趣。标题要紧扣数据分析的核心内容，常用以下四种方法拟定。

1. 解释基本观点

提炼出整篇报告的观点，汇集成中心句。如《不能忽视老客户的流失》《电商业务的发展是公司发展重中之重》等。

2. 概括主要内容

总结出整篇报告的事实内容，帮助读者抓住报告中心。如《2020 年企业业务运营情况良好》《2020 年我司销售额增长 10 个百分点》等。

3. 交代分析主题

将数据分析报告所分析的对象、范围、时间等内容综合起来，拟定标题。如《2020 年年度总结报告》《发展公司物流业务的方法》等。

4. 提出问题

以提问的方式提出报告分析的主要内容，引起决策者的注意与思考。如《流失的客户去向何方》《公司盈利下降的原因何在》等。

同时，数据分析报告标题的拟定还需要注意以下三点。

1. 贴合主题

数据分析报告标题的撰写要与整个报告的内容相契合，能够准确表明分析报告的核心内容，贴合主题。

2. 语言简练概括

数据分析报告的标题必须有高度的概括性，能够直接准确地概括出分析报告的内容及主题思想。

3. 严谨直接

数据分析报告标题语言严谨直接，尽量少用修辞。必须在标题处就表明基本观点，能让决策者通过标题就了解到报告的主要内容，快速了解报告内容。

11.1.2　目录

目录可以帮助阅读数据分析报告的读者大概了解报告的主要内容，同时便于读者快速找到所需内容。如果是纸质或者文档形式的数据分析报告，目录主要包括章节名称、小节名称和页码，如图 11-1 所示。但目录无须太过详细，太过详细会使读者一时抓不住重点。如果是 PPT 或者其他形式的数据分析报告，则无须在目录上添加页码，直接添加超链接跳转即可。

图 11-1　数据分析报告目录

11.1.3　前言

前言是数据分析报告非常重要的一部分，最终数据分析报告能否解决企业当前面临的问题，能否作为企业决策者的参考资料，前言部分起到了决定性的作用。因此，前言的写作必须慎之又慎，一定要统领整篇数据分析报告，体现出数据分析报告的分析背景、分析目的、分析思路和分析结果，如图11-2所示。

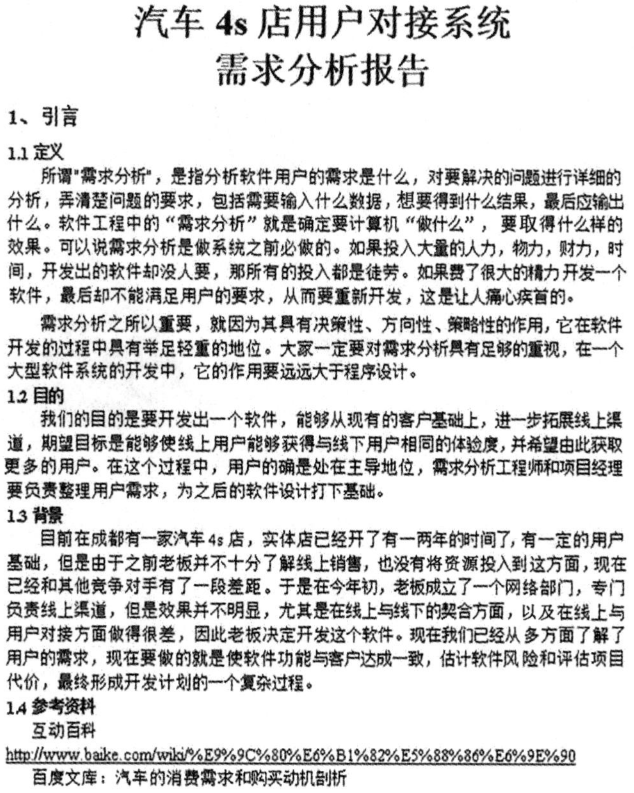

汽车 4s 店用户对接系统
需求分析报告

1、引言

1.1 定义

所谓"需求分析"，是指分析软件用户的需求是什么，对要解决的问题进行详细的分析，弄清楚问题的要求，包括需要输入什么数据，想要得到什么结果，最后应输出什么。软件工程中的"需求分析"就是确定要计算机"做什么"，要取得什么样的效果。可以说需求分析是做系统之前必做的。如果投入大量的人力，物力，财力，时间，开发出的软件却没人要，那所有的投入都是徒劳。如果费了很大的精力开发一个软件，最后却不能满足用户的要求，从而要重新开发，这是让人痛心疾首的。

需求分析之所以重要，就因为其具有决策性、方向性、策略性的作用，它在软件开发的过程中具有举足轻重的地位。大家一定要对需求分析具有足够的重视，在一个大型软件系统的开发中，它的作用要远远大于程序设计。

1.2 目的

我们的目的是要开发出一个软件，能够从现有的客户基础上，进一步拓展线上渠道，期望目标是能够使线上用户能够获得与线下用户相同的体验度，并希望由此获取更多的用户。在这个过程中，用户的确是处在主导地位，需求分析工程师和项目经理要负责整理用户需求，为之后的软件设计打下基础。

1.3 背景

目前在成都有一家汽车 4s 店，实体店已经开了有一两年的时间了，有一定的用户基础，但是由于之前老板并不十分了解线上销售，也没有将资源投入到这方面，现在已经和其他竞争对手有了一段差距。于是在今年初，老板成立了一个网络部门，专门负责线上渠道，但是效果并不明显，尤其是在线上与线下的契合方面，以及在线上与用户对接方面做得很差，因此老板决定开发这个软件。现在我们已经从多方面了解了用户的需求，现在要做的就是使软件功能与客户达成一致，估计软件风险和评估项目代价，最终形成开发计划的一个复杂过程。

1.4 参考资料

互动百科

http://www.baike.com/wiki/%E9%9C%80%E6%B1%82%E5%88%86%E6%9E%90

百度文库：汽车的消费需求和购买动机剖析

图 11-2　数据分析报告前言

11.1.4　问题及建议

报告的最后通常用数据分析得到的问题及对这类问题提出的建议收尾（见图 11-3），这样可以使得报告读者快速吸收数据分析报告中的内容，加深认识，引发思考。

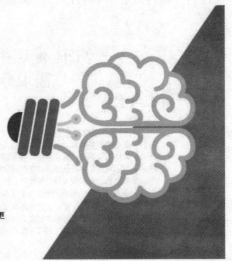

05 改进建议

Summary

1、28-47岁之间的网购数量是最多的。

2、这两个年龄段（28-37&38-47）的人，

最喜欢的3个大类是：
General-Dresses-Dresses, General-Tops-Knits,
General Petite-Dresses-Dresses

最喜欢的3个细分服饰是：
Dresses, Knits, Blouses（甚至可以说各个年龄段都更青睐这三个品种的）

图 11-3　数据分析报告问题及建议

而建议更是为决策者提供了一个解决问题的思路，直接影响着决策者的决定和企业未来的发展。因此一定要求真务实，贴合企业自身业务，给出具有可行性的建议，绝对不能随意拼凑。

11.1.5　附录

因为数据分析报告的特殊性，有可能包含大量的无法在正文中全部显示的数据，所以某些数据分析报告常常需要通过附录进行内容的补充，如图 11-4 所示。它对正文没有具体解释的部分做一个补充说明，使决策者能更加深入地了解报告

的资料获取方式、内容及所包含的专业名词的解释等。

附录 1：纬房综合指数（定基，以 2018 年 1 月为 100）

时期	纬房核心指数	纬房海峡西岸核心指数	纬房京津冀核心指数	纬房长三角核心指数	纬房粤港澳大湾区指数	纬房东北核心指数	纬房一线城市指数	纬房二线城市指数	纬房三线城市指数	纬房四线城市指数	纬房租金核心指数
201801	100	100	100	100	100	100	100	100	100	100	100
201802	100.91	100.43	100.95	101.04	100.4	101.26	100.26	101.12	101.5	101.76	102.55
201803	103.14	100.67	101.38	102.74	101.56	104.56	101.48	103.66	103.65	103.75	101.27
201804	104.24	100.94	100.98	103.95	102.07	106.45	101.61	105.05	105.91	105.74	101.07
201805	106.5	100.87	102.15	105.51	102.96	109.02	101.96	107.91	108.28	107.62	102.5
201806	108.31	101.01	103.19	107.26	103.54	111.26	102.18	110.2	109.79	109.34	103.45
201807	109.09	100.95	103.34	108.56	104.67	113.09	102.44	111.15	111.17	110.81	105.51
201808	108.86	100.93	102.2	109.02	105.04	114.58	102.33	110.88	111.86	111.84	105.27
201809	107.84	100.8	101.15	108.89	104.66	116.06	101.77	109.72	112.17	112.07	105.04
201810	105.75	101.56	99.31	108.01	103.15	117.21	99.58	107.66	112.16	112.23	103.86
201811	103.54	99.31	98.14	106.78	101.59	117.88	97.78	105.33	111.23	111.41	102.77
201812	102.58	99.08	98.09	105.87	100.85	118.04	97.28	104.22	110.67	111.03	102.44
201901	102.45	99.33	98.93	106.02	100.63	118.47	97.33	104.03	110.93	110.96	103.93
201902	103.22	99.2	100.63	106.77	101.1	119.71	98.28	104.74	111.64	111.25	104.64
201903	104.56	100.05	102.16	108.29	101.92	121.09	99.44	106.14	112.16	112.07	104.07
201904	105.28	100.2	102.58	109.47	102.01	121.99	99.97	106.92	112.4	112.74	104.06
201905	105.72	100.39	102.1	110.51	102.23	122.67	100.19	107.43	112.25	113.34	104.31
201906	105.9	100.72	101.42	111.64	102.03	123.26	99.73	107.81	112.76	114	104.82
201907	106.11	101.59	101.69	112.93	102.34	123.59	99.69	108.09	114.15	116.15	104.97
201908	106.05	101.02	100.43	113.28	102.19	124.15	99.56	108.05	113.63	115.65	104.9
201909	105.92	100.51	99.29	113.71	102.19	124.73	99.56	107.89	113.33	115.85	104.04
201910	105.79	100.73	98.45	113.77	102.3	124.92	99.3	107.8	113.39	116.17	103.19
201911	105.4	100.29	97.39	113.61	102.35	125.34	99.13	107.34	112.96	116.03	102.05

图 11-4　数据分析报告附录

附录虽然是数据分析报告的组成部分，但它不是必选项。如果涉及的数据数量并不过于庞大或通过正文中的典型数据展示已经足够证明观点，那么就不需要数据分析师进行补充说明。

11.1.6　标准财务分析报告示例

财务分析报告是企业根据会计报表、财务分析表及各种财务活动中积累的数据，运用一定的数据分析方法，对企业的经营状况、利润分配等内容进行阐述的文件。

创龙公司原名为创业龙腾有限公司，简称创龙公司。创龙公司经过 **XX** 市工商局批准，注册资本金为 1800 万，主要经营纺织产品。下面将以创龙公司某年的财务分析报告为例，帮助数据分析师了解相关知识。如图 11-5 所示，数据分析报告的主体内容分为四部分。

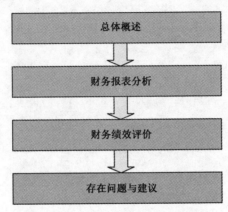

图 11-5　财务分析报告的主体内容

1. 总体概述

（1）企业财务状况

依据创龙公司公布的资产负债表与利润表等数据，运用基本分析法、图表分析法等分析方法表明创龙公司该年的财务状况处于盈利状态。

（2）各项收入指标

本年企业实现 38525670.24 万元的营业收入，比去年有大幅度提高，利润也实现了高速增长。

2. 财务报表分析

（1）资产负债表分析

企业本期的资产比去年同期增长 37.7%，资产的变化中以固定资产居多，为 1552356.30 元。

流动资产中，存货资产增长了 38.45%。在流动资产的各项目变化中，货币类资产的增长幅度最低，这说明企业应对市场变化的能力有所下降；信用类资产的增长幅度高于流动资产的增长幅度，这说明企业的贷款回收并不顺利，这会导致企业容易受到第三方的制约，因此企业应该加强贷款的回收；存货类资产增长幅度是流动资产中最高的，这说明企业存货过多，市场风险增大，企业应该加强存货与管理的工作。由分析可知，企业的支付能力与应对市场变化的能力属于中等偏下水平。

企业负债中，企业的流动负债率为1.56，长期负债与所有者权益比率为0.063，这说明企业的资金结构处于较为健康的状态。企业本期的长期负债与结构性负债比例为11.75%，比去年同期下降11%，这说明企业的盈余公积比例提高，企业具有增强经营实力的念头；分配的利润所占结构性负债与去年同期相比有所提高，这说明企业的筹资能力有所提高。总体上可知企业的长短期融资活动比去年都有所下降，企业将所有者权益资金作为经营性活动的主要资金来源，因此资金的成本较低。

（2）利润分析

企业的今年的营业利润为2182547.34元，利润的总额为2352452.11元，净利润为1385424.64元。

（3）收入分析

企业实现主营业务收入38525670.24元，比去年同期相比增长21%，这说明企业的业务规模扩展较快，产品与服务的竞争力有所增强。

（4）成本分析

本期企业的成本费用为35354521.01元，其中主营业务成本为27576526.39元，约占成本费用的78%；营业费用为636381.38元，约占成本费用总额的1.8%；管理费用为4949632.94元，约占成本费用总额的14%；财务费用424254.25元，约占成本费用总额的1.2%；其余费用约占成本费用总额的5%。

（5）利润增长因素分析

今年企业的利润增长率为 18.7%，增长幅度超过去年，这说明企业在成本控制、产品销售等方面取得了较为明显的进步，这为企业未来的发展壮大打下了坚实基础。

（6）经营效果总体评价

与去年同期相比，企业主营业务利润增长率达到 18.7%，其中，主营收入增长率为 3.8%，这表明企业的收入与利润协调性较好，建议企业在未来的发展中尽可能保持住对企业成本费用的控制。

3. 财务绩效评价

（1）偿债能力分析

企业的偿债能力是指企业将资产用于偿还长短期债务的能力，这是衡量企业支付现金能力与偿还债务能力的标准，同时也是企业能否持续发展的关键。企业今年在流动资产、流动负债、资本结构的管理水平方面都取得较为明显的进步，企业的资产变现能力大幅度提高，这为将来企业的持续发展、降低债务风险提供强有力的保障。

从整个行业来看，企业的偿债能力高于行业平均水准，处于低债务风险水平，债权人权益与所有者权益所面临的风险都非常小。

（2）经营效率分析

企业的经营管理效率可以衡量企业的管理成本控制能力，假如企业的生产经营管理效率很低，那么企业是很难保持高利润状态的。而该企业今年的经营效率较上年同期有所提高，这说明企业能够创造更多的利润，企业在市场开拓、资产管理水平方面有较大提升，为将来降低成本、创造更好的经济效益提供帮助。

从整个行业来看，企业经营效率高于行业平均水准，这说明企业在市场开拓、资产管理水平方面处于行业中的领先水平，企业应尽可能保持这种优势。

（3）盈利能力分析

企业的经营盈利能力主要用来衡量企业的创造利润能力。企业今年的盈利能力较上年同期有所提高，这说明企业的盈利能力处于高速增长阶段，企业在优化产品结构、降低企业成本费用方面有较大突破。

从整个行业来看，企业盈利能力高于行业平均水准，企业提供的产品和服务具有较强的竞争力，需要继续保持。在盈利能力中，成本费用利润率、总资产报酬率的变化是引起盈利能力变化的重要指标。

（4）经济利润指标

经济利润指标能够全面反映企业收益的高低，它是指企业的投资资本收益超过加权平均资金成本（根据不同资金所占总资金的比重加权平均计算所得）的资产。

（5）流动资金周转率

流动资金周转率反映企业一定时期内流动资金周转次数。创龙公司属于中小型企业，而中小企业在激烈的市场竞争中很容易出现资金短缺的问题，这就直接体现在资金周转次数过低上。因此企业应该密切关注流动资金周转率，可以通过加快流动资金周转速度，弥补净现金流量少给企业经营带来的困难。

4. 存在问题与建议

（1）企业的资金占用比重较大，资金比例有些失调。特别是当其他应收款大幅度上升时，如果不及时处理，会对企业的经济效益有所影响。因此，建议企业各部门，抽出专人，成立回收资金小组，处理资金回收的问题。也可将奖金、工资等薪酬奖励与回收贷款挂钩，增强回收人员的工作积极性。最后，企业经理要严格把控赊销商品管理，防止出现三角债。

（2）经营性的亏损单位有所增加，且以往亏损单位的亏损额不断增加。企业未弥补亏损额高达数十万元，与去年相比大幅度上升。建议企业领导对亏损单位进行整顿，制定相应的处罚措施，如扣除绩效、亏损额与年终奖挂钩等，从而实现扭亏转盈。

（3）企业各部门存在不同程度的潜在亏损行为。建议企业各部门要如实反映企业的经营成果，多进行一些核账、查账、对账的工作。

11.2 数据分析报告的易错点

在撰写数据报告时，很多数据分析师很容易出现一些不规范的内容，导致企业决策者在阅读报告的时候抓不住重点，影响企业决策。下面从图文安排不合理、缺少问题解决方案和缺少明确结论三个方面提出数据分析报告中的易错点。同时在实践过程中，出现的错误绝不止以上这三点，数据分析师要在平时的工作中多积累问题，不断完善，追求卓越。

11.2.1 图文安排不合理，层次混乱

大量文字的堆砌会使企业决策者在阅读时感到疲惫，用图表代替大量的数据罗列有助于阅读者更清晰、更直观地得出结论。图表和文字的安排要合理，否则会导致层次混乱。

数据分析报告的分析结果固然重要，但也要重视报告的表现形式。如果在不改动分析结果的前提下，对报告用图表进行适度包装，那么数据分析报告的可读性将会大大提升。因为丰富的图形比枯燥的文字更能帮助读者发现问题，读者对图形的敏感度也是高于数字的。

但是，在一份报告中，数据分析师堆积了过多数据图，虽然看起来很专业，但实际上这样会降低读者的阅读效率，不利于其获取更多的有效信息。无论有多少张图表，使用图表的目的都是一个，就是简单直观地展示信息。图表与文字的关系不是分裂的，而是相联系的。因此，图表需要辅助文字，体现数据分析师的

分析思路。

　　良好的分析报告是分析逻辑架构清晰、层次分明的，可以帮助决策者快速厘清思路，从中获取关键信息。因此数据分析师在选择分析工具的时候必须谨慎，既要保证数据分析结果的准确性，又要对报告的可读性进行最大限度的优化。如果一个论点能用简单的话说清楚，那就不需要用图表再证明一次。图表一定要简单、直观，少用花纹和修饰，以免扰乱读者的视觉和思维。

11.2.2　只提出问题，没有解决方案

　　分析目的除了找出问题的原因，更重要的是找到解决问题的方案。如果一份数据分析报告只有问题原因而没有解决方案，那么分析报告的价值将大打折扣。

　　数据分析师在了解产品的基础上对其做了深入的分析，通过对问题原因的更深一步的探究，能找到问题的解决方案。对于比较乐观的结论，数据分析师可以说怎么做得更好或保持；对于企业出现的问题，则要提出改进的方法，在此基础上，也可以提出其他相关的建议。

　　例如，某电商企业委托数据分析师小吴分析某企业 2020 年"双十一"期间的销售情况，小吴结合数据进行分析之后，给出了如下建议：

　　1."双十一"活动期间销量激增，是全年销量的关键一环，要好好抓住每年"双十一"的机会。可使用多样促销手段。如通过积分制、买三送一等优惠活动来增加销量。

　　2.销售量前三的热门商品要保证库存，热门商品可以与销量低的冷门商品进行捆绑销售，或者采用满减打折的方式促进销量。

　　3.根据用户购买搜索喜好对其进行智能推荐，提高点击率和转化率。

　　4.设置生日礼券，通过发送短信唤醒沉默用户，激发其购买欲望。

首先可以发现，该电商企业在本次"双十一"活动期间销量是非常不错的，因此小吴的解决方案则围绕着怎么做得更好提供相关的建议。其次，小吴的建议非常全面，包括热门商品、冷门商品和沉默客户等多个方面，并对企业促销活动中存在的问题进行了分析，并提出了明确的解决方案。最后，小吴的语言简练，要点明确，基本没有阅读门槛。

11.2.3　缺少明确结论，核心问题模糊

数据分析是为了发现问题、解决问题。如果缺少明确的观点、结论，数据分析报告就失去了意义。企业对数据分析师的要求就是通过数据发现其中的问题，直接在结论中点明问题，使企业决策者快速把握报告宗旨。

数据分析师最好将问题精简只保留最重要的一个，并给出一个明确的结论，不能含糊其词。数据分析师要帮助决策者做出决策，精简的结论能够最直观地点明企业业务的问题所在，易于让决策者发现其中明显的问题，降低决策者的阅读门槛。

另外，报告中不要有猜测性的结论，数据分析是依托海量的数据得出的结论，因此数据分析报告的结论应该是客观的。猜测性的结论不仅无法说服数据分析师，更无法说服阅读报告的决策者。

例如，某服装企业委托小甲对企业全年的销售业务进行分析评估，小甲的结论如下：

1. 企业每年的销量主要集中在下半年，特别是每年 11 月份的"双十一"活动期间达到了销量的峰值。甚至对于羽绒服这类商品来说，11 月份的销量是全年的销量支撑。

2. 企业整体销量逐年上升，但是如牛仔裤类的商品在销售高峰期第四季度销

量有所下降，因此需要重点关注，究其原因，以免出现此种情况。

3．男女装销量的占比相差不大，但是运动鞋这类产品的男性销量是女性的一倍多。

数据分析师小甲给出了一个明确的结论，企业销量逐年上升，销量主要集中在下半年且男女装销量占比相差不大。没有猜测性的结论，也点明了特殊性数据的存在，结论明确，一目了然。

读者调查表

尊敬的读者：

    自电子工业出版社工业技术分社开展读者调查活动以来，收到来自全国各地众多读者的积极反馈，他们除了褒奖我们所出版图书的优点外，也很客观地指出需要改进的地方。读者对我们工作的支持与关爱，将促进我们为您提供更优秀的图书。您可以填写下表寄给我们（北京市丰台区金家村288#华信大厦电子工业出版社工业技术分社　邮编：100036），也可以给我们电话，反馈您的建议。我们将从中评出热心读者若干名，赠送我们出版的图书。谢谢您对我们工作的支持！

姓名：_____　　性别：□男　□女　年龄：_____　职业：_____

电话（手机）：_____　　E-mail：_____

传真：_____　通信地址：_____　邮编：_____

1. 影响您购买同类图书因素（可多选）：

□封面封底　　□价格　　□内容提要、前言和目录　　□书评广告　□出版社名声

□作者名声　　□正文内容　　□其他_____

2. 您对本图书的满意度：

从技术角度　　　　　　□很满意　□比较满意　□一般　□较不满意　□不满意

从文字角度　　　　　　□很满意　□比较满意　□一般　□较不满意　□不满意

从排版、封面设计角度　□很满意　□比较满意　□一般　□较不满意　□不满意

3. 您选购了我们哪些图书？主要用途？_____

4. 您最喜欢我们出版的哪本图书？请说明理由。

_____

5. 目前教学您使用的是哪本教材？（请说明书名、作者、出版年、定价、出版社），有何优缺点？

_____

6. 您的相关专业领域中所涉及的新专业、新技术包括：

_____

7. 您感兴趣或希望增加的图书选题有：

_____

8. 您所教课程主要参考书？请说明书名、作者、出版年、定价、出版社。

_____

邮寄地址：北京市丰台区金家村288#华信大厦电子工业出版社工业技术分社

邮编：100036　　电话：18614084788　　E-mail：lzhmails@phei.com.cn

微信ID：lzhairs/ 18614084788　　联系人：刘志红

电子工业出版社编著书籍推荐表

姓名		性别		出生年月		职称/职务	
单位							
专业				E-mail			
通信地址							
联系电话				研究方向及教学科目			

个人简历（毕业院校、专业、从事过的以及正在从事的项目、发表过的论文）

您近期的写作计划：

您推荐的国外原版图书：

您认为目前市场上最缺乏的图书及类型：

邮寄地址：北京市丰台区金家村 288#华信大厦电子工业出版社工业技术分社
邮编：100036 电话：18614084788 E-mail：lzhmails@phei.com.cn
微信 ID：lzhairs/18614084788 联系人：刘志红